Harpeet Singh
Deepak Kumar Goyal
Khushdeep Goyal

Comportamento de Erosão de Polpa de Aço de Turbina Revestido a Plasma

Harpeet Singh
Deepak Kumar Goyal
Khushdeep Goyal

Comportamento de Erosão de Polpa de Aço de Turbina Revestido a Plasma

ScienciaScripts

Imprint

Cover image: www.ingimage.com

This book is a translation from the original published under ISBN 978-3-330-32277-6.

Publisher:
Sciencia Scripts
is a trademark of
Dodo Books Indian Ocean Ltd. and OmniScriptum S.R.L publishing group

120 High Road, East Finchley, London, N2 9ED, United Kingdom
Str. Armeneasca 28/1, office 1, Chisinau MD-2012, Republic of Moldova, Europe
Printed at: see last page
ISBN: 978-620-7-41237-2

ÍNDICE

RESUMO

O comportamento de desgaste erosivo do material da turbina hidráulica, ou seja, CA6NM, é investigado. As amostras de aço CA6NM foram revestidas com 50% de pó de WC-Co-Cr e 50% de pó de Ni-Cr-B-Si através da técnica de projeção térmica por plasma. Os ensaios de erosão foram realizados num equipamento de ensaio de erosão de fabrico próprio, com factores variáveis, tal como explicado no capítulo da experimentação. As amostras revestidas e não revestidas são investigadas segundo um plano de experiências baseado na matriz ortogonal L9 do método Taguchi, que é utilizado para obter os dados do ensaio de erosão de forma controlada. Os quatro factores utilizados na experiência L9 são a velocidade de impacto, o ângulo de impacto, a concentração da lama e a dimensão das partículas. A comparação foi efectuada para a perda de massa de materiais revestidos e não revestidos em diferentes condições. O estudo revela que a velocidade de impacto, a concentração da lama e o ângulo de impacto são os factores mais significativos que influenciam a taxa de desgaste destes revestimentos. Após um determinado período de tempo, a perda de peso das amostras é comparada. Esta técnica ajuda a poupar tempo e recursos para um grande número de ensaios experimentais e prevê com êxito a taxa de desgaste dos revestimentos dentro e fora do domínio experimental. As amostras revestidas apresentam melhores resultados em comparação com as não revestidas. A análise SEM fornece informações sobre a topografia da superfície das amostras

ABREVIATURAS

Al2O3	Aluminium Oxide
B	Boron
C	Carbon
Co	Cobalt
Cr	Chromium
Cu	Copper
Fe	Iron
HVOF	High Velocity Oxygen Fuel
HVOLF	High Velocity Oxygen Liquid Fuel
HBW	Brinell Hardness with Tungsten Carbide Ball
LDIE	Liquid Droplet Impingement Erosion
Mn	Manganese
Mo	Molybdenum
Mpa	Mega Pascal
MW	Mega Watt
Ni	Nickel
P	Phosphorus
S	Sulphur
SEM	Scanning Electron Microscopy
Si	Silicon
SLPM	Standard litre per minute
TiO	Titanium Oxide
WC	Tungsten Carbide
V	Vanadium
o	Degree

CAPÍTULO 1

INTRODUÇÃO

A energia hidroelétrica é a energia produzida a partir da energia da queda ou do escoamento da água, que pode ser aproveitada para fins úteis. É a fonte de energia mais importante porque não contribui para as alterações climáticas e o aquecimento global. É a fonte de energia mais fiável, limpa e renovável, com uma eficiência muito boa. Não produz desperdícios como outras fontes de energia. Cerca de 17,39% da eletricidade necessária é produzida por centrais hidroeléctricas. A utilização de um sistema de energia renovável e de baixo custo é a exigência do mundo atual para reduzir o efeito do aquecimento global. A Índia é abençoada com uma enorme quantidade de potencial hidroelétrico. Atualmente, na Índia, a capacidade total instalada, incluindo todos os recursos, é de 2.28.721,73 MW, dos quais a contribuição da energia hidroelétrica é de 17,39% (Ministério da Energia, junho de 2013). A eletricidade produzida pela energia hídrica na Índia é de 39788,40 MW [1]. As centrais hidroeléctricas **podem dar um impulso à economia do país.**

1.1 CENTRAL HIDROELÉCTRICA

A central hidroelétrica é uma instalação destinada à produção de energia eléctrica através da utilização da força gravitacional da água que cai ou corre. É a forma de energia renovável mais utilizada. A central hidroelétrica não produz resíduos directos como outras fontes. Cerca de **17,91% da eletricidade da Índia é produzida por energia hidroelétrica. A primeira central hidroelétrica foi** criada na América em 1882 e, a partir daí, a revolução ocorreu muito rapidamente neste domínio. Um projeto com uma capacidade de 130 kW, estabelecido em Sidrapong (Darjeeling) em 1897, foi a primeira instalação hidroelétrica na Índia [2]. O primeiro grande empreendimento hidroelétrico com uma capacidade de 4,5 MW, denominado Samundram, em Mysore (2000 kw), entrou em funcionamento em 1902. As outras antigas centrais foram Chamba (40kw) em 1902, Gagoi em Mussoorie (3000kw) em 1907, Jubbal (50kw) em 1911 e Chhaba (1750kw) em Shimla em 1913. Em 1914, foi instalada em Maharashtra uma central hidroelétrica denominada projeto Khopoli, com uma capacidade de 50 MW. A capacidade hidroelétrica, até 1947, era de cerca de 508 MW, sendo de 39788,40 MW em 2013 [3]. O potencial hidroelétrico total do mundo é de cerca de 5000 GW. Nas centrais hidroeléctricas, a energia da água é utilizada para fazer girar as turbinas que, por sua vez, fazem funcionar os geradores eléctricos. A energia cinética ou potencial da água pode ser utilizada para a produção de eletricidade. A energia potencial é uma função da diferença de nível/cabeça da água entre dois pontos, enquanto a energia cinética da água é a sua energia em movimento e é uma função da massa e da velocidade. Para garantir a disponibilidade contínua de água, a água recolhida em lagos e reservatórios naturais a grandes altitudes pode ser utilizada ou a água pode ser armazenada através da construção de barragens nos cursos de água.

A fonte primária de água é a precipitação e depende de vários factores como a temperatura, a humidade, a nebulosidade, o vento, etc. A utilidade da precipitação depende de vários factores complexos que consistem na distribuição temporal da intensidade, na topografia do terreno, etc., para a produção de energia. Calcula-se que apenas uma pequena parte da precipitação pode ser efetivamente utilizada para a produção de energia. Uma parte significativa é contabilizada pela evaporação direta, enquanto outra quantidade semelhante se infiltra no solo e outra é absorvida pela vegetação. Assim, apenas uma parte da água da chuva flui efetivamente sobre a superfície do solo sob a forma de escoamento direto e forma os cursos de água que podem ser utilizados para os sistemas hidroeléctricos.

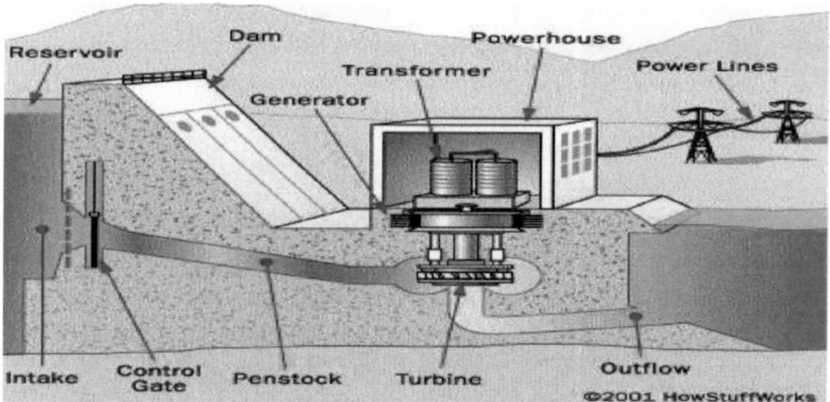

Figura 1.1 Esquema de uma central hidroelétrica [4]

No entanto, os seguintes factores constituem obstáculos importantes à utilização dos recursos hidroeléctricos:

Grandes investimentos
Período de gestação longo
Aumento do custo da transmissão de energia.
As vantagens das centrais hidroeléctricas são as seguintes

- A água necessária para a central eléctrica é gratuita.
- Redução das emissões de gases com efeito de estufa.
- Baixos custos de operação e manutenção em comparação com outros métodos de produção de energia.
- A tecnologia Hydro é fiável e comprovada ao longo do tempo.
- É uma fonte de energia renovável e económica.

- As albufeiras criadas pelos sistemas hidroeléctricos podem ser utilizadas para desportos aquáticos e tornar-se elas próprias atracções turísticas. Nalguns países, a aquicultura em albufeiras é comum. As barragens podem ser utilizadas para vários fins, como a irrigação, para apoiar a agricultura com um abastecimento de água relativamente constante. As grandes barragens hidroeléctricas podem controlar as inundações que, de outro modo, afectariam as pessoas que vivem a jusante do projeto.

As desvantagens das centrais hidroeléctricas são:

- Danos ao ecossistema e perda de terras (erosão)
- Falta de fluxo.

Embora as centrais hidroeléctricas apresentem muitas vantagens, problemas como a erosão de vários componentes da turbina nas centrais hidráulicas também constituem um problema grave. Devido ao conteúdo de lodo presente na água, ocorre o desgaste das peças da turbina.

1.2 VESTIR

O desgaste pode ser definido como a perda progressiva de volume de material da sua superfície. Pode dever-se à erosão, à abrasão ou à corrosão. O desgaste devido à corrosão deve-se a reacções químicas, que podem ser controladas através da adoção de medidas preventivas. O desgaste devido à erosão ou à abrasão pode ser minimizado através do controlo dos parâmetros que o afectam. Os rotores da turbina apresentam uma elevada taxa de desgaste devido ao elevado teor de sedimentos [5].

1.2.1 Tipos de desgaste

a) Desgaste do adesivo

b) Desgaste abrasivo

c) Desgaste corrosivo

d) Desgaste por fadiga da superfície

e) Desgaste erosivo

1.3 TIPOS DE DESGASTE POR EROSÃO

A erosão pode ser classificada em diferentes tipos, dependendo da interação que ocorre entre a superfície alvo e a substância de impacto.

a) Erosão de partículas sólidas

b) Cavitações Erosão

c) Impingimento de líquidos Erosão

d) Erosão de lamas

Neste trabalho, estudaremos a erosão de materiais por sedimentos presentes na água. O fenómeno da erosão da lama é explicado em pormenor a seguir.

1.3.1 Erosão de lamas

A erosão de materiais por lamas causa um prejuízo económico muito elevado ao país. É definida como o tipo de desgaste em que a perda de massa é causada por material exposto a uma corrente de lama. Este tipo de erosão ocorre quando o material se desloca a uma determinada velocidade através da lama ou quando a lama passa pelo material a uma determinada velocidade. A erosão dos componentes da turbina por lamas é um problema muito grave na maior parte das centrais hidroeléctricas em todo o mundo, especialmente nas situadas na região dos Himalaias, na Índia [6]. A erosão por lamas nas turbinas hidroeléctricas é um problema muito grave e causa enormes prejuízos à indústria hidroelétrica [7]. Nas centrais hidroeléctricas, a eletricidade é produzida através da conversão da energia cinética ou de pressão da água em potência de eixo por meio de turbinas. Como a água de alimentação está a fluir das alturas das colinas, mistura várias partículas de areia e pedras. As lâminas das turbinas e os bocais da maquinaria hidráulica têm de suportar uma velocidade excessiva da água, com ou sem o impacto de partículas sólidas. Na aplicação industrial, a erosão das bombas hidráulicas, impulsores, bocais e tubagens que transportam fluidos constituídos por partículas erodentes é sempre suposta como perda de material da superfície, pelo que devem ter excelente resistência, tenacidade e resistência à erosão. Assim, a erosão pode diminuir a eficiência das turbinas e a perda de produção de energia. Devido à elevada quantidade de sedimentos que passam através das passagens hidráulicas da turbina, as partes inferiores ficaram danificadas [8].

- Arbustos de bronze
- Usar anéis
- Anéis de vedação das palhetas-guia

1.4 FACTORES QUE AFECTAM A EROSÃO DA LAMA

Há um grande número de factores que levam à degradação da superfície e à perda de material devido à erosão da lama. São estes factores que decidem que tipo de mecanismo de erosão será predominante no processo de remoção de material [9]. Os factores podem ser classificados da seguinte forma:

- Factores que dependem das condições experimentais (velocidade, ângulo de impacto, concentração, temperatura, etc.).
- Factores que dependem da lama (tamanho das partículas, forma das partículas, dureza).
- As propriedades da superfície alvo (dureza, microestrutura, propriedades mecânicas, etc.).

1.5 EROSÃO POR LAMA DO MATERIAL DA TURBINA HIDRÁULICA

O lodo na água que flui através da turbina provoca um desgaste erosivo nas peças subaquáticas, ou seja, palhetas-guia, roldanas, vedantes de labirinto, tampa superior e anel inferior, etc., no caso da turbina Francis da NJHPS [8]. Todas as centrais hidroeléctricas são afectadas pela erosão das partes subaquáticas. Vários componentes da central hidroelétrica são afectados pelo ambiente que contém partículas de sedimentos (como MgO, CaO, argilas, cinzas vulcânicas e semelhantes) transportadas pela água. Os sedimentos são formados pela fragmentação de rochas, erosão do solo e deslizamentos de terra devido ao fluxo de água. As medidas para minimizar os danos causados pela erosão têm atraído constantemente a atenção de engenheiros e fabricantes de equipamentos. **Antes da década de 1950, o ferro fundido era utilizado para** fabricar componentes de turbinas, tendo sido substituído por aços fundidos. Hoje em dia, os aços inoxidáveis são amplamente utilizados em centrais hidroeléctricas devido às suas boas propriedades de resistência à corrosão e à resistência aceitável à erosão por partículas sólidas.

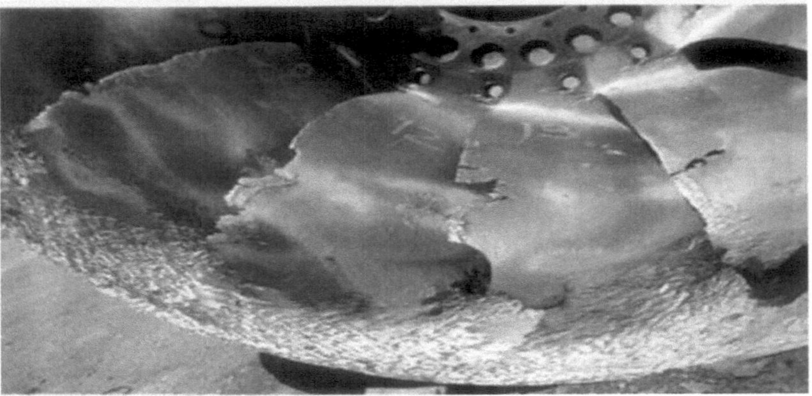

Figura 1.2 Lâminas corroídas nas centrais eléctricas de Larji [10]

A magnitude dos danos causados depende da quantidade, tipo e tamanho das partículas em fluxo, juntamente com as propriedades mecânicas da superfície, as propriedades físico-químicas da água e as condições de funcionamento. Quando não se dispõe de um processo de filtragem exaustivo, os problemas de erosão da lama são maiores durante a estação das chuvas, devido ao aumento do número de partículas sólidas que incidem na superfície. Por exemplo, as turbinas Francis instaladas no noroeste da Colômbia sofreram alterações na textura da superfície e perda de ajuste entre os revestimentos e a caixa espiral devido ao desgaste intensivo por erosão [11]. A Tabela 1 apresenta alguns dos materiais normalmente utilizados nos componentes das turbinas.

Tabela 1 Materiais de turbina comummente recomendados

S. Não.	Componentes	Materiais

1	Corredor	13Cr4Ni, ASTM743-13Cr5Ni, SEW 410-16Cr5Ni, 16Cr 5Ni, 18Cr 8Ni
2	Selos de labirinto	ASTM743-13Cr5Ni, 18Cr10Ni, SEW 410- 16Cr5Ni,13Cr 4Ni, 16Cr 5Ni,JM7(Níquel, bronze de alumínio no vedante estacionário)
3	Palheta-guia	ASTM743-13Cr5Ni ,16Cr 5Ni,13Cr 1Ni
4	Forro	18Cr10Ni
5	Tubos para arrefecedores de rolamentos	Cupro-Níquel (80%Cu, 20%Ni)
6	Bicos de turbina	13Cr 4Ni ,16Cr 5Ni
7	Eixos de turbinas	S355 (DIN) ,St52 (EN)
8	Vedantes de borracha	Borracha sintética de neopreno

Para minimizar os danos, o material da turbina deve ser resistente à corrosão. No NJHPS, foi instalada a maior estrutura subterrânea de desassoreamento para eliminar partículas de sedimentos grosseiros e médios. Foi adoptada uma velocidade de rotação mais baixa para reduzir a velocidade relativa [8]. As características desejáveis do material são:

- Elevada resistência à tração
- Elevada resistência à fadiga
- Elevada dureza
- Elevada resiliência

Devido à fina camada de óxido de crómio nas suas superfícies, os aços inoxidáveis apresentam melhores propriedades do que os aços ao carbono. O mais comum é utilizar cerca de 12% de Cr no aço utilizado no fabrico de peças de turbinas. Cr A seleção do aço adequado para as peças de turbinas subaquáticas que operam em águas assoreadas é importante para assegurar a sua longa vida útil. O material deve ter uma boa resistência à erosão.

Entre todas as opções, o 13Cr4Ni e o 16Cr5Ni são os mais utilizados na indústria das turbinas. Tanto o 13Cr4Ni como o 16Cr5Ni são aços austeníticos-martensíticos com ferrite e cerca de 20-25% de **austenite** estável. **A resistência à corrosão é satisfatória em ambos os aços e a resistência à**

cavitação é melhor em ambos. O 16Cr5Ni tem melhor resistência à corrosão do que o 13Cr4Ni. Devido a este facto, é dada preferência ao aço 16Cr5Ni na indústria moderna de turbinas.

1.5.1 Acções de controlo da erosão do lodo

Algumas medidas correctivas devem ser seguidas para controlar a erosão do lodo. É essencial diminuir o teor de sedimentos na água para diminuir a erosão das turbinas. As várias soluções possíveis propostas foram as seguintes

- Tratamento da zona de captação
- Dispositivo eficaz de des-silagem
- Utilização de equipamentos resistentes ao assoreamento

É praticamente impossível apanhar partículas de lodo de tamanho muito pequeno, para além da utilização dos métodos acima referidos, é necessário seguir outras técnicas para proteger do desgaste as várias partes subaquáticas da unidade geradora. As várias abordagens, como a utilização de velocidades de rotação mais baixas para reduzir a velocidade relativa, a disposição da água de arrefecimento secundária em circuito fechado, a otimização da conceção das passagens hidráulicas, a utilização de material resistente à erosão e a utilização de revestimentos protectores podem reduzir o efeito do lodo. A utilização de um revestimento de superfície também pode ajudar a limitar o problema. Após a utilização de revestimentos na SJVN, o estado das máquinas melhorou após a monção de 2008. Vários estudos mostram que os revestimentos de superfície aumentam a vida útil dos componentes da turbina [8].

1.6 TÉCNICAS DE REVESTIMENTO DE SUPERFÍCIES

Diferentes investigadores utilizaram diferentes técnicas para melhorar a erosão. A vida útil de qualquer componente pode ser aumentada através da aplicação de um revestimento protetor na superfície exposta ao impacto de partículas sólidas. As técnicas de revestimento de superfícies normalmente utilizadas são as seguintes:

- Galvanoplastia
- Deposição física de vapor
- Deposição de vapor químico
- Pulverização térmica

1.7 SPRAY TÉRMICO

A pulverização térmica é um grupo de processos de revestimento em que materiais metálicos ou não metálicos finamente divididos são depositados num estado fundido ou semi-fundido para formar um revestimento. O material de revestimento pode apresentar-se sob a forma de pó, vareta cerâmica, fio ou materiais fundidos (Frank J. Hermanek, International Thermal Spray Association). As técnicas de pulverização térmica são processos de revestimento em que os materiais fundidos (ou aquecidos) são pulverizados sobre uma superfície. Os revestimentos por pulverização térmica são produzidos através da fusão e projeção de um material, de modo a que um fluxo de gotículas incida sobre um substrato e crie um revestimento de superfície. A "matéria-prima" (precursor do revestimento) é aquecida por meios eléctricos (plasma ou arco) ou químicos (chama de combustão). A pulverização térmica pode fornecer revestimentos espessos (a espessura aproximada varia entre 20 micrómetros e vários mm, dependendo do processo e da matéria-prima), numa grande área e com uma elevada taxa de deposição, em comparação com outros processos de revestimento, como a galvanoplastia e a deposição física e química de vapor. No início do século XX, o Dr. M.U. Schoop e os seus colaboradores desenvolveram equipamento e técnicas para a produção de revestimentos utilizando metais fundidos e em pó. Vários anos mais tarde, por volta de 1912, os seus esforços produziram o primeiro instrumento para a pulverização de metal sólido em forma de fio. Este dispositivo simples baseava-se no princípio de que, se um fio-máquina fosse introduzido numa chama intensa e concentrada (a queima de um gás combustível com oxigénio), derreteria e, se a chama fosse rodeada por uma corrente de gás comprimido, o metal derretido seria atomizado e prontamente impelido para uma superfície para criar um revestimento. Este processo foi inicialmente designado por metalização. Os materiais de revestimento disponíveis para pulverização térmica incluem metais, ligas, cerâmicas, plásticos e compósitos. São alimentados sob a forma de pó ou fio, aquecidos até ao estado fundido ou semi-fundido e acelerados em direção aos substratos sob a forma de partículas de dimensão micrométrica. A combustão ou a descarga de arco elétrico é normalmente utilizada como fonte de energia para a pulverização térmica. Os revestimentos resultantes são feitos pela acumulação de numerosas partículas pulverizadas. A superfície pode não aquecer significativamente, permitindo o revestimento de substâncias inflamáveis. A qualidade do revestimento é normalmente avaliada através da medição da sua porosidade, teor de óxido, macro e microdureza, resistência da ligação e rugosidade da superfície. Em geral, a qualidade do revestimento aumenta com o aumento da velocidade das partículas.

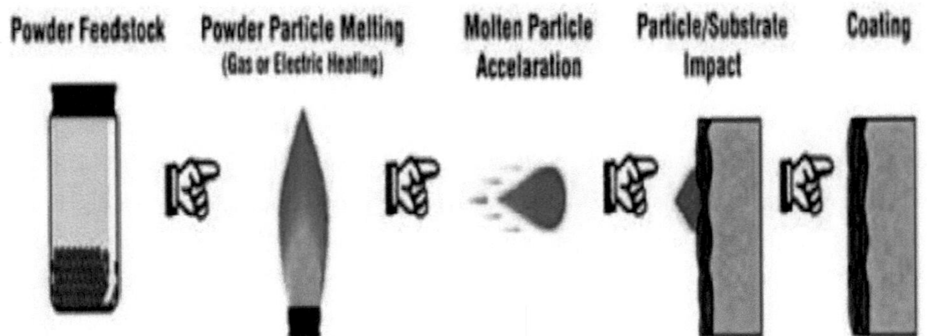

Figura 1.3 Esquema do processo de revestimento por projeção térmica [12]

Seguem-se alguns dos factores importantes que influenciam as propriedades do revestimento por pulverização térmica:

- Propriedades do pó

- Tamanho das partículas

- Composição química
- Ponto de fusão
- Morfologia
- Forma

Parâmetros do processo

- Distância de pulverização
- Temperatura da chama
- Pressão do gás
- Caudal de pó
- Preparação da superfície

A tecnologia de pulverização térmica pode ser utilizada para qualquer uma das seguintes aplicações:

- Proteção contra a corrosão
- Proteção contra incrustações
- Alteração da condutividade térmica ou eléctrica
- Controlo do desgaste
- Reparação de superfícies danificadas

- Proteção contra a temperatura/oxidação (revestimentos de barreira térmica)
- Implantes médicos
- Produção de materiais com gradação funcional (para qualquer uma das aplicações acima referidas)

Os diferentes tipos de técnicas de projeção térmica são:

- Pulverização por plasma
- Pulverização por detonação
- Pulverização por arco de arame
- Pulverização por chama

- Pulverização de revestimento oxi-combustível de alta velocidade (HVOF)

O método de revestimento por pulverização de plasma será analisado em pormenor.

1.7.1 Pulverização por plasma

No processo de pulverização por plasma, o material a depositar - normalmente em pó ou, por vezes, em líquido, fio - é introduzido no jato de plasma que emana de uma tocha de plasma. No jato, onde a temperatura é da ordem dos 10.000 K, o material é derretido e impelido para um substrato. Aí, as gotículas fundidas achatam-se, solidificam-se rapidamente e formam um depósito. Basicamente, a pulverização de material fundido ou amolecido pelo calor sobre uma superfície para obter um revestimento. O material sob a forma de pó é injetado numa chama de plasma de temperatura muito elevada, onde é rapidamente aquecido e acelerado até atingir uma velocidade elevada. O material quente impacta na superfície do substrato e arrefece rapidamente, formando um revestimento.

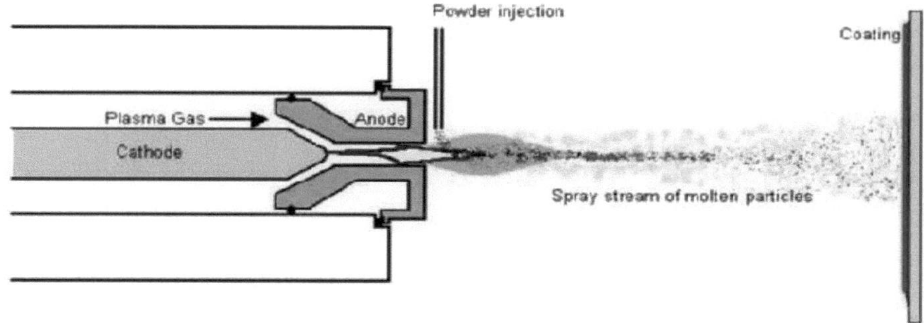

Figura 1.4 Esquema do processo de projeção de plasma [13]

Geração de jactos de plasma:

- Corrente contínua (plasma DC), em que a energia é transferida para o jato de plasma através de um arco elétrico de corrente contínua e de alta potência.

- Plasma de indução ou plasma RF, em que a energia é transferida por indução a partir de uma bobina em torno do jato de plasma, através da qual passa uma corrente alternada de radiofrequência.

Meio formador de plasma:

- Pulverização por plasma de ar (APS), efectuada em ar ambiente.

- A pulverização por plasma em atmosfera controlada (CAPS), geralmente efectuada numa câmara fechada, cheia de gás inerte ou evacuada.

- Variações do CAPS: pulverização por plasma a alta pressão (HPPS), pulverização por plasma a baixa pressão (LPPS), sendo o caso extremo a pulverização por plasma no vácuo (VPS)

- Pulverização subaquática com plasma.

Pistolas de pulverização de plasma:

- MF-4MB: É uma pistola de conceção robusta, bem comprovada e universal para produzir revestimentos de plasma de alta qualidade até 55Kw.

- 9MBM: Tem uma elevada capacidade de pó com níveis de desempenho óptimos até 88Kw. Tem capacidades de saída elevadas - temperatura do gás de plasma até 16000 graus centígrados. Tem uma velocidade de gás de 3050 m/s. Tem velocidade de partículas até 610 m/s.

- MSG100: Uma pistola de pulverização de plasma de 80Kw adequada para uma vasta gama de aplicações de pulverização térmica e elevadas taxas de pulverização.

- MINI ID GUN: É uma pistola concebida para aplicações de revestimento de diâmetro interno. Pode depositar revestimentos em diâmetros tão pequenos como 38 mm (1,5 polegadas). A pistola de pulverização de plasma mini funciona com uma potência de até 15Kw em modo subsónico e está disponível em duas configurações de hardware de ângulo de pulverização: 45° e cabeça reta [14].

Vantagens:

- Pode pulverizar materiais com um ponto de fusão muito elevado, tais como metais refractários como o tungsténio e cerâmicas como a zircónia, ao contrário dos processos de combustão.

- Os revestimentos pulverizados por plasma são geralmente muito mais densos, mais fortes e mais limpos do que os outros processos de pulverização térmica, com exceção do HVOF.

- Um revestimento por pulverização de plasma representa provavelmente a gama mais vasta de revestimentos e aplicações de pulverização térmica e torna este processo o mais versátil.

Desvantagens:

- O processo de pulverização por plasma tem um custo relativamente elevado.
- A complexidade do processo limita a sua aplicação.

1.8 MOTIVAÇÃO PARA O TRABALHO DE TESE E FORMULAÇÃO DE PROBLEMAS

A erosão do lodo das turbinas hidroeléctricas é um problema muito grave e conduz a enormes perdas para o sector hidroelétrico. Pode diminuir a eficiência das turbinas hidroeléctricas até 5-10%. É mais provável que a erosão seja um problema para as lâminas e bocais das turbinas na indústria hidráulica, que têm de tolerar o impacto da água a alta velocidade. A erosão depende de vários parâmetros, como o tamanho do lodo, a dureza, a concentração, a velocidade da água, etc. Por isso, é muito difícil encontrar uma causa comum e uma solução para a erosão do lodo. A seleção dos materiais das turbinas é também uma área de interesse considerável para resistir à erosão. No entanto, são poucos os estudos sobre a utilização de revestimentos em aplicações de turbinas hidráulicas. Há ainda necessidade de investigar o desempenho dos revestimentos para esta aplicação no que respeita à erosão por lama.

Uma vez que os revestimentos são comprovadamente úteis para resistir à corrosão, será benéfico investigar o mesmo para a erosão de peças de centrais hidroeléctricas. A erosão do material da pá da turbina em aço CA6NM será estudada utilizando o equipamento de ensaio de erosão por jato. Os revestimentos de material 50% (WC-Co-Cr) e 50% (Ni-Cr-B- Si) têm de ser depositados no aço CA6NM de 250 e 400 microns e o desgaste por erosão será avaliado para diferentes condições de funcionamento. Os revestimentos de 400 mícrones têm de ser lixados com papel de esmeril de grão 4/0 e malha 800, sendo o 4/0 o grão mais fino do papel de esmeril. A rugosidade média da superfície melhorou até 200Ra. Será avaliado o efeito da velocidade da água, da dimensão das partículas, da concentração da lama e do ângulo de impacto na taxa de erosão.

1.9 OBJECTIVOS DO TRABALHO DE INVESTIGAÇÃO PROPOSTO

A presente investigação tem por objetivo estudar as características de desempenho do material da turbina hidráulica CA6NM revestido com 50% de cada um dos pós de WC-Co-Cr e Ni-Cr-B-Si utilizando o processo de pulverização por plasma. Os objectivos do presente estudo são os seguintes:

1. Estudar o comportamento à erosão da lama do material da turbina hidráulica existente (CA6NM).
2. Avaliar o desempenho do revestimento por pulverização de 50% (WC-Co-Cr) e 50% (Ni-Cr-B-Si) de 250 e 400 microns de espessura na liga de base e compará-los.
3. Avaliar o desempenho de ambos os revestimentos na liga de base e compará-los.
4. Estudar o efeito da velocidade, do ângulo de impacto, da concentração da lama e da dimensão das

partículas no desempenho da erosão em diferentes casos.

1.10 ORGANIZAÇÃO DA TESE

A tese completa está dividida em cinco capítulos. O primeiro capítulo inclui a introdução à central hidroelétrica, ao desgaste, à erosão por lamas e às técnicas de revestimento e ao objetivo do estudo. No segundo capítulo, é apresentada a literatura disponível sobre a erosão de turbinas hidráulicas com lamas. No terceiro capítulo, a metodologia experimental é apresentada em pormenor. As técnicas de ensaio foram explicadas no mesmo capítulo. No quarto capítulo, são discutidos os resultados dos ensaios. No último capítulo, é apresentada a conclusão do estudo completo.

CAPÍTULO 2

REVISÃO DA LITERATURA

A erosão pode ocorrer devido a partículas que colidem com a superfície ou aresta de um componente e removem material dessa superfície devido a efeitos de impulso. O desgaste por erosão foi classificado como erosão por impacto de líquidos, erosão por partículas sólidas e erosão por cavitação. A erosão de partículas sólidas é causada pelo impacto direto de partículas sólidas (presentes na lama) nas condutas, bombas e respectivos componentes. A erosão por impacto de líquido está associada ao impacto contínuo do jato de líquido na superfície alvo e a erosão por cavitação é definida como a nucleação repetida, o crescimento e o colapso violento de cavidades, ou bolhas, no líquido, resultando na remoção localizada de material da superfície alvo.

Muitos investigadores têm tentado reduzir o desgaste utilizando várias técnicas, mas é muito difícil descobrir a causa comum e a medida correctiva para este problema devido à sua variação e dependência de um grande número de parâmetros. Os parâmetros que afectam o desgaste por erosão nos sistemas de transporte de lamas são a velocidade de impacto, o ângulo de impacto, a concentração da lama, o material da superfície alvo, a distribuição do tamanho das partículas na lama, a viscosidade da lama e a combinação de todos estes parâmetros.

Chattopadhyay et al. [5] examinaram que os rotores da turbina demonstram uma taxa de desgaste invulgarmente elevada na água do rio com uma elevada concentração de sedimentos. O aço inoxidável ferrítico fundido do tipo CA6NM foi o material normal do rotor da turbina. Foram avaliadas as características de erosão da lama do stellite6, do aço inoxidável 15 wt.% Cr-15 wt.% Mn, do aço inoxidável tipo 316L e do CA6NM. As diferentes taxas de desgaste das ligas foram explicadas em termos da microestrutura, dureza e taxa de endurecimento por trabalho. A excelente resistência à erosão do Stellite 6 soldado a plasma sobre CA6NM pode provavelmente ser explicada como sendo devida à lenta remoção de material através dos eixos cristalográficos estreitamente espaçados da matriz h.c.p. seguida da remoção de carbonetos deslocados.

Kumar et al. [6] discutiram o problema da erosão do lodo numa série de
centrais hidroeléctricas indianas
, que se revelou bastante grave, especialmente nas situadas na
região dos Himalaias. Nestas regiões, os projectos hidroeléctricos construídos enfrentam enormes problemas, uma vez que estas montanhas são jovens e, por conseguinte, a quantidade de lodo nestes rios é enorme, especialmente na estação das monções. Os principais componentes da turbina e das bombas que sofrem erosão são o rotor, o impulsor, as palhetas-guia, as válvulas, os vedantes, etc. Foram experimentadas diferentes técnicas de revestimento dos componentes, mas os revestimentos por pulverização térmica revelaram um grande desenvolvimento. As técnicas de revestimento térmico

podem ser diferenciadas em sprays de baixa e alta energia cinética, consoante a velocidade. O investigador discutiu os dois métodos de baixa energia cinética utilizados para proteção contra a erosão, juntamente com os efeitos resultantes em diferentes tipos de revestimentos. Os revestimentos pulverizados por plasma tiveram um melhor desempenho em comparação com os revestimentos pulverizados por chama devido à menor quantidade de defeitos.

Khurana et al. [7] estudaram o comportamento das turbinas hidroeléctricas face à erosão por sedimentos. A erosão por sedimentos é um problema muito importante e provoca enormes perdas de vidas humanas na indústria hidroelétrica. O desgaste erosivo depende de diferentes parâmetros, como o tamanho, a dureza e a concentração do sedimento, a velocidade da água e as propriedades do material de base. Na maioria dos casos, este desgaste pode ser reduzido através do controlo dos parâmetros acima mencionados, mas durante a estação das monções torna-se inviável controlar estes parâmetros que causam a erosão. Observou-se que estes factores aumentam a taxa de desgaste, o que resulta na diminuição da competência das turbinas e, finalmente, no colapso das turbinas hidráulicas. Neste estudo, foram discutidos vários estudos de caso e dados experimentais e também discutidas algumas medidas curativas sugeridas por vários investigadores.

Singh [8] estudou a erosão causada pelo teor de sedimentos nas regiões dos Himalaias. Através de uma série de medidas de controlo dos sedimentos, com base no aconselhamento de peritos e na experiência adquirida pela SJVN ao longo dos anos, a SJVN está perto de encontrar uma solução duradoura para o problema, no sentido de conseguir um intervalo ótimo entre reparações sucessivas. Estudou os vários comportamentos dos revestimentos, as diferentes combinações de revestimentos, as tecnologias de revestimento e a espessura do revestimento para otimizar as melhores tecnologias disponíveis.

Grewal et al. [9] discutiram o desempenho de uma central hidroelétrica que foi rigorosamente exagerado pela presença de partículas de areia na água do rio. O grau de degradação depende drasticamente do nível dos parâmetros de funcionamento (velocidade, ângulo de impacto, concentração, tamanho e forma das partículas), o que foi ainda relacionado com o mecanismo de erosão.

Investigaram o efeito de alguns destes parâmetros de funcionamento no mecanismo de erosão utilizando aço de turbina hidráulica, CA6NM (13Cr4Ni). Foram utilizadas técnicas de SEM e XRD para verificar a morfologia e a variação das fases de martensite e austenite das superfícies erodidas. Observaram que a velocidade e o ângulo de impacto afectam o mecanismo de erosão do aço CA6NM. O mecanismo de erosão foi também significativamente afetado pela distância radial das zonas de impacto. Num ângulo de impacto agudo, observou-se que a lavra é um dos principais mecanismos responsáveis pela perda de material. Para além destes dois mecanismos de erosão bem conhecidos, foi também observada a presença de outros dois mecanismos de erosão. Foram propostos modelos diferentes para estes mecanismos de erosão invulgares. Observaram que a interação entre a velocidade e a concentração era a mais significativa. Formaram um modelo estatístico baseado numa abordagem de regressão, utilizando dados experimentais.

Santa et al. [11] estudaram o comportamento à erosão de dois revestimentos aplicados pelos processos de oxicorte em pó (OFP) e de pulverização por arco de arame (WAS) sobre aço AISI 304 jato de areia, e os resultados foram comparados com os calculados para os aços inoxidáveis AISI 431 e ASTM A743 grau CA6NM, normalmente utilizados em turbinas hidráulicas e acessórios. A microestrutura e as superfícies desgastadas foram caracterizadas por microscopia ótica e eletrónica de varrimento. Os ensaios de erosão da lama foram efectuados numa bomba centrífuga modificada, na qual as amostras foram colocadas de forma conveniente para garantir a ocorrência de pastagem das partículas. A lama era composta por água destilada e partículas de areia de quartzo com um diâmetro médio entre 212 e 300 µm (AFS 50/70) e o teor de sólidos foi de 10% em peso em todos os ensaios. A velocidade média de impacto da lama foi de 5,5 m/s e a resistência à erosão foi calculada a partir dos resultados da perda de volume. As superfícies revestidas mostraram maior resistência à erosão do que os aços inoxidáveis não revestidos, com as menores perdas de volume medidas para o depósito E-C 29123. A análise SEM das superfícies desgastadas revelou uma intensa deformação plástica tanto nos aços inoxidáveis revestidos como nos não revestidos, com pouca confirmação de fratura frágil na microestrutura. A resistência adesiva medida dos revestimentos foi considerada adequada para os processos utilizados. Os revestimentos estudados mostraram capacidade de se deformar plasticamente quando submetidos a condições de erosão por slurry, com pouca evidência de remoção de massa por mecanismos de fratura frágil.

Goyal et al. [15] estudaram os componentes de turbinas hidráulicas que geralmente sofrem um desgaste grave devido à erosão causada por partículas sólidas arrastadas na água corrente. Neste trabalho, foram depositados revestimentos WC-10Co-4Cr e Al_2O_3+13TiO_2 em aço de turbina CF8M através do processo de pulverização HVOF e estudou-se o seu desempenho em condições de erosão por arrastamento. Foi utilizado um equipamento de teste de erosão de alta velocidade para os testes de erosão por arrastamento e foi analisado o efeito de três parâmetros, nomeadamente o tamanho médio das partículas, a velocidade (rpm) e a concentração de arrastamento na erosão por arrastamento destes materiais. O aço nu e o revestimento Al_2O_3+13TiO_2 mostraram mecanismos dúcteis e frágeis, respetivamente, sob a erosão da lama, enquanto que o revestimento WC- 10Co- 4Cr mostrou um comportamento misto (principalmente dúctil). O revestimento WC-10CoACr foi considerado útil para aumentar notavelmente a resistência à erosão da lama do aço.

Kembaiyan et al. [16] estudaram que a erosão do fluido em brocas de três cones e em brocas de diamante policristalino pode ser minimizada utilizando revestimentos por projeção térmica adequados. O revestimento à base de carboneto de tungsténio pulverizado termicamente oferece uma via para minimizar a erosão do fluido, o desgaste e a corrosão encontrados nas brocas e nos conjuntos de ferramentas de fundo de furo utilizados na perfuração de minas, petróleo e gás. O investigador estudou que os revestimentos revestidos a laser e fundidos em forno não são tão eficazes como o revestimento com pistola super D no combate à erosão das brocas. A aplicação de velocidades de rotação e pesos elevados nas lamas de perfuração e a lama de alta velocidade com detritos arrastados sujeitam estas ferramentas e brocas a desgaste severo, erosão e corrosão e minimizam a sua vida útil. Um teste de fluxo de lama a alta velocidade foi utilizado para avaliar a resistência à erosão dos revestimentos protectores no ambiente de perfuração. O investigador estudou que os resultados do ensaio de erosão da lama e dos ensaios de campo indicam que os revestimentos de carboneto de tungsténio revestidos com pistola de detonação apresentam uma resistência à erosão superior à de todos os outros revestimentos testados. Os revestimentos duros podem ser aplicados em cones de broca acabados e em brocas compactas de diamante policristalino sem danificar os cortadores ou o material de substrato.

Yilmaz et al. [17] estudaram que os revestimentos cerâmicos pulverizados a plasma podem ser utilizados quando é necessária uma elevada resistência ao desgaste e à corrosão com isolamento térmico. Neste estudo, os vários tipos de revestimentos Al_2O_3-TiO_2 pulverizados por plasma em diferentes composições (Al_2O_3—13 wt.% TiO_2, Al_2O_3 - 40 wt.% TiO_2 e Al_2O_3-50 wt.% TiO_2) foram preparados num substrato de aço inoxidável austenítico AISI 304L. Foram estudados os efeitos da adição de TiO_2 nas propriedades do revestimento e explorados em termos de microdureza e valores de resistência à fratura. Os resultados obtidos no trabalho experimental foram avaliados com técnicas de caraterização padrão. A partir dos resultados, observou-se que um aumento na quantidade de TiO_2 melhora a resistência à fratura e reduz os valores de microdureza dos revestimentos.

Wheeler et al. [18] realizaram um trabalho de avaliação do desempenho do crómio duro, do compósito de níquel electro-reduzido e de dois revestimentos de carboneto de tungsténio de alta velocidade. O investigador estudou que a menor dureza dos revestimentos de níquel e crómio, relativamente à da areia, significava que não podiam competir com os revestimentos pulverizados termicamente em termos de resistência à erosão. A dureza dos revestimentos HVOF excedeu a da areia, o que é uma das principais razões para a sua resistência à erosão superior e relativa insensibilidade à energia de impacto da areia. Os resultados estipulam que o revestimento HVOF 86WC-10C&ACr aplicado pela Diatec foi a alternativa mais encorajadora, mostrando uma melhoria na resistência à erosão de mais de 50% em relação ao revestimento aplicado pela pistola D de composição nominal homogénea. O crómio duro pode ser uma opção mais rentável. A tenacidade à fratura direcional foi responsável pela variação no desempenho da erosão e nas trajectórias de propagação de fissuras, que foram influenciadas pela presença de poros, distribuições não homogéneas de carboneto, Co6W6C e restos de granalha do substrato. O desempenho da erosão foi relativamente insensível ao ângulo de impacto do jato, mas foi sensível à rugosidade da superfície, com taxas de erosão mais baixas resultantes de superfícies lapidadas em revestimentos por aspersão térmica.

Knapp et al. [19] estudaram a degradação da face do fato de revestimentos de pulverização térmica à base de carboneto de tungsténio quando expostos à abrasão de partículas finas. Estes revestimentos eram constituídos por fases aglutinantes de níquel ou cobalto. Os revestimentos foram depositados em cilindros de ensaio utilizando um dispositivo de pistola de detonação. Após a aplicação de cerca de 0,15 mm de espessura de revestimento por pulverização térmica, os revestimentos foram rectificados e polidos com diamante para obter uma rugosidade superficial igual ou inferior a 0,03 pm Ra . Os revestimentos foram expostos a um ensaio de desgaste abrasivo de três corpos envolvendo partículas de zircónio (menos de 3 km de diâmetro) numa pasta à base de água. O investigador estudou que o desgaste preferencial do ligante desempenha um papel notável no desgaste destes revestimentos de carboneto de tungsténio por abrasivos finos. Após a comparação, o investigador avaliou que o revestimento que contém um ligante à base de níquel com uma densa embalagem de carbonetos primários era superior ao ligante de cobalto em termos de manutenção do seu acabamento superficial após exposição à abrasão. O revestimento que contém um ligante de cobalto mostrou uma degradação aguda da superfície.

Kulu et al. [20] verificaram que, para todos os materiais testados, a taxa de erosão era 5-6 vezes superior a temperaturas elevadas. A influência do ângulo de impacto não tem grande efeito na resistência à erosão dos revestimentos aspergidos termicamente no caso de uma temperatura de ensaio elevada. A taxa de erosão a 700 °C foi apenas um pouco mais elevada para qualquer material com um ângulo de impacto normal. Os revestimentos de metal duro à base de carboneto de tungsténio, liga autoflutuante à base de níquel e compósitos à base de liga Ni-Cr-Si-B foram depositados a partir destes pós através da pistola de detonação, pulverização por detonação contínua e processo de fusão por pulverização. Foram efectuados ensaios de erosão de partículas sólidas nestes revestimentos com abrasivos de sílica de tamanho entre 0,1 e 0,3 mm. O investigador discutiu a influência das variáveis de ensaio e dos parâmetros do material. O ângulo de impacto das partículas afecta fortemente o desgaste por erosão do revestimento por aspersão térmica. No entanto, o comportamento do material depende dos mecanismos de remoção de material, uma vez que a dureza tem uma importância menor. A microestrutura influencia tanto a dureza como os mecanismos de perda de material. Em qualquer caso de utilização do material num ambiente agressivo, as estruturas de revestimento têm de ser escolhidas em função das condições de trabalho definidas.

Sidhu et al. [21] verificaram que os aços revestidos têm maior resistência à erosão-corrosão do que os aços não revestidos. A refusão a laser do revestimento de superfície foi sugerida como uma técnica encorajadora para o comportamento de erosão-corrosão (E-C) de revestimentos de Stellite-6 (St-6) pulverizados e refundidos a laser em aços para tubos de caldeiras para melhorar as suas propriedades físicas. O investigador efectuou os estudos experimentais a 755°C e o estudo foi realizado até 10 ciclos, cada um com 100 h de duração, seguidos de 1 h de arrefecimento à temperatura ambiente. A maior resistência à degradação foi demonstrada pelo aço T11 revestido e subsequentemente refundido a laser. Verificou-se que o revestimento de Stellite-6 (St-6) pulverizado por plasma é eficaz para aumentar a resistência à erosão-corrosão dos aços para caldeiras em ambiente de caldeira a carvão. Dos aços T22, GrA1 e T11, o T11 foi objeto de uma menor refusão.

Sidhu et al. [22] efectuaram revestimentos de Ni-22Cr-10Al-1Y (Ni-Cr-Al-Y), Ni-20Cr, Ni_3Al e Stellite-6 (St-6) por um processo de pulverização de plasma em aços para tubos de caldeiras. Estudaram o comportamento cíclico a quente destes revestimentos em sal fundido (Na_2SO_4 - 60% V_2O_5) a 900°C. O Ni- Cr-Al-Y também foi pulverizado como uma camada de ligação de aproximadamente 150μm de espessura em cada caso antes do revestimento final. A oxidação interna e a fissuração das escamas foram observadas durante os ensaios. Verificou-se que os revestimentos são benéficos para aumentar a resistência à corrosão a quente dos aços para tubos de caldeiras. Observou-se uma proteção máxima no caso do revestimento de St-6 e mínima no caso do revestimento de Ni3Al.

Toma et al. [23] estudaram os revestimentos de carnet, que consistem em partículas de WC ou Cr_3C_2 num ligante metálico, que pode ser um metal puro ou uma mistura de Ni, Cr, Co. Os revestimentos examinados foram produzidos por pulverização de oxi-combustível a alta velocidade e foram investigados no que respeita à resistência à erosão e à corrosão. . Para efeitos de comparação, foram examinados revestimentos duros de Cr_2O_3 pulverizados por chama e por plasma. Devido à baixa condutividade eléctrica, a taxa de corrosão destes revestimentos foi muito baixa. Foram efectuados ensaios combinados de corrosão por erosão à temperatura ambiente em soluções 0,1 M de NaOH e 0,1 M de H_2 SO_4 contendo areia. A informação sobre a resistência à corrosão foi recolhida a partir de medições de polarização eletroquímica e do teste de névoa salina em solução de NaCl. Os resultados dos testes combinados de desgaste e corrosão exploram que as propriedades de corrosão dos revestimentos pulverizados afectam fortemente a taxa de perda de materiais em condições de corrosão por desgaste. Os revestimentos com uma matriz menos resistente à corrosão também apresentam uma maior erosão. O mecanismo de erosão dos revestimentos de carboneto parece ser controlado pela rede esquelética dos carbonetos. Estudaram que a adição de 4% em peso de Cr aumentou a resistência à erosão e à corrosão do revestimento à base de WC. Em condições de erosão, os revestimentos duros Cr_2O_3 apresentaram uma elevada taxa de erosão e o mecanismo de erosão parece ser o da erosão frágil devido à remoção grão a grão dos grãos de óxido durante o impacto.

Cantera et al. [24] estudaram a tenacidade à fratura de dois revestimentos de carboneto de tungsténio e cobalto-crómio pulverizados termicamente de composição nominalmente idêntica, 86WC-10CoACr, um produzido pelo processo de pistola de detonação e outro pelo processo de oxicombustível de alta velocidade, que foi determinada pelo método de indentação. Os ensaios de indentação revelaram que ambos os revestimentos apresentavam uma propagação de fendas anisotrópica e, por conseguinte, uma tenacidade à fratura, sendo a propagação de fendas muito mais fácil paralelamente à interface do revestimento com o substrato do que transversalmente. A amostra produzida pelo processo D-Gun apresentou uma menor tenacidade à fratura e uma maior gama de valores de tenacidade à fratura, tanto paralela como transversalmente à interface do substrato de revestimento, do que o revestimento HVOF, reflectindo a maior homogeneidade microestrutural deste revestimento. As fissuras subsuperficiais produzidas por indentação têm uma morfologia semelhante às produzidas em ensaios de erosão e, por conseguinte, os valores de resistência à fratura obtidos por este método são adequados para utilização em equações de previsão da taxa de erosão. No entanto, a gama de valores de resistência à fratura encontrada deve ser tida em conta ao modelar a erosão, uma vez que as regiões de baixa resistência à fratura, onde o crescimento de fissuras na subsuperfície será mais fácil, tenderão a controlar a taxa de erosão. As fissuras produzidas pelo ensaio de indentação e pela erosão tendem a propagar-se ao longo da fronteira entre o material que foi completamente fundido durante a projeção térmica e o núcleo interior da partícula projectada.

Otsubo et al. [25] investigaram a estrutura, a dureza e a força de adesão ao cisalhamento de revestimentos de cermet Cr_3C_2 -NiCr pulverizados sobre um substrato de aço macio por processos de pulverização de plasma de alta potência (HPS) de 200 kW e de oxi-combustão de alta velocidade (HVOF). Os autores estudaram a ocorrência de fases amorfas e supersaturadas de níquel em ambos os revestimentos pulverizados. Devido às partículas de carboneto de Cr_3C_2 não fundidas, a dureza do revestimento HVOF foi maior em comparação com a pulverização por plasma de alta potência (HPS). No tratamento térmico a 873K, a fase amorfa decompõe-se e ocorre a precipitação de carbonetos de Cr_3C_2, o que provoca um aumento da dureza do revestimento HPS. Estudaram que a razão entre a dureza medida com uma grande carga e a medida com uma pequena carga poderia ser utilizada como um índice para indicar a ductilidade dos revestimentos. A ductilidade e a força de adesão do revestimento HVOF foram superiores às do revestimento HPS. A aderência dos revestimentos foi intensificada por tratamento térmico a 1073 K, e a do revestimento HVOF foi superior a 350 MPa.

Stein et al. [26] discutiram que o oxicorte de alta velocidade e os revestimentos de cermet podem ser usados para reduzir os danos causados pela erosão por partículas sólidas (SPE). Neste trabalho, os investigadores investigaram a resistência à erosão de revestimentos de cermet FeCrAlY-Cr_3C_2 e

$NiCr-Cr_3C_2$ com níveis de carboneto variando de 0-100% no pó pré-pulverizado, a fim de determinar o teor ótimo de cerâmica para uma resistência óptima à erosão. As microestruturas dos revestimentos pulverizados foram analisadas por microscopia ótica de luz (LOM), microscopia eletrónica de varrimento (SEM) e difração de raios X. Utilizaram um aparelho acelerador de partículas a uma velocidade de 40 m/s, um fluxo de massa de 80 g/min a 400°C com partículas de 450 μm de Al_2O_3 em ângulos de impacto de 30° e 90° para o ensaio de erosão. Como resultado da pulverização, foi produzida uma vasta gama de óxidos de Cr e Fe. Especificamente, a maghemite, um óxido de ferro sintético formado na presença de CO, foi encontrada nos revestimentos finais. A análise de imagem revelou que os níveis de carboneto no pó pré-pulverizado são muito mais elevados do que no revestimento final pulverizado. As composições do revestimento revelam que, com estes parâmetros de pulverização, a retenção da matriz Fe-Cr-Al-Y e NiCr é melhor do que a do carboneto de crómio. O investigador verificou que, nestes revestimentos pulverizados, a diminuição do teor de carboneto e do teor global de fase dura (óxidos e carbonetos) diminuiu a taxa de erosão para um impacto de 90°. Além disso, para um impacto de 30°, a taxa de erosão manteve-se relativamente constante, apesar do teor de carboneto ou de fase dura.

Stack et al. [27] estudaram que houve poucas tentativas de mapear os mecanismos do processo de erosão-corrosão. Isto apesar do facto de os revestimentos à base de cermet terem sido cada vez mais utilizados para combater a erosão em condutas e bombas, onde a degradação era causada por uma mistura de partículas de areia e água do mar. Estudaram que as interacções entre os processos de erosão e corrosão só tinham sido avaliadas para uma gama inadequada de condições, apesar do facto de a erosão-corrosão ocorrer numa vasta gama de variáveis na prática. Avaliaram os efeitos da velocidade, da concentração de partículas e do potencial do revestimento à base de WC/Co-Cr. Foram aplicadas técnicas de microscopia eletrónica de varrimento e de perda de peso para avaliar o desperdício. Os mecanismos de erosão-corrosão foram reconhecidos a partir dos resultados. A partir dos resultados, foram criados mapas de mecanismos de erosão-corrosão para as amostras revestidas e não revestidas. Os mapas de velocidade/potencial mostraram significativamente as transições entre os regimes de erosão-corrosão em função destes parâmetros. O grau de sinergia também se reflectiu nesses mapas, que mostraram as condições em que os efeitos sinérgicos eram provavelmente mínimos para os principais parâmetros do processo.

Luyckx et al. [28] analisaram a composição e a microestrutura dos pós de pulverização térmica de WC-VC-Co aglomerados e sinterizados e dos revestimentos de oxi-combustão a alta pressão/alta velocidade (HP/HVOF) e compararam-nas com as dos pós de pulverização térmica de WC-Co comerciais aglomerados e sinterizados de igual fração mássica de Co e dos revestimentos de WC-Co comerciais que foram depositados nas mesmas condições que os revestimentos de WC-VC-Co. Em ambos os materiais, durante a deposição do revestimento, os grãos de WC obtêm uma morfologia menos angular e um tamanho médio mais fino do que nos pós e uma fração significativa de grãos de WC é descarbonetada, com a formação de W_2C e Co_6W_6C. Os resultados das análises mostraram que a resistência à abrasão dos revestimentos de WC-VC-Co é superior à dos revestimentos de WC-Co. A caraterização dos pós e revestimentos de pulverização térmica de WC-VC-Co e WC-Co com fracções mássicas iguais de Co conduziu a uma nova compreensão quantitativa de alguns dos processos que ocorrem durante a deposição do revestimento e a uma explicação da diferença de resistência à abrasão entre os revestimentos de WC-VC-Co e WC-Co.

Matthews et al. [29] estudaram a influência da estrutura no comportamento de erosão de revestimentos de Cr C_{32} -NiCr pulverizados termicamente em condições de turbina industrial. A projeção térmica destes materiais resulta numa variação generosa da composição e da microestrutura devido à revelação dos pós de revestimento ao gás acelerador de alta temperatura. Os revestimentos foram caracterizados utilizando imagens de electrões retrodispersos em conjunto com a difração de raios X, que mostrou a dissolução de carbonetos na matriz em diferentes graus, dependendo da técnica de deposição. A precipitação de carbonetos e o refinamento da matriz foram causados pelo tratamento térmico a 900 °C. Os ensaios de erosão dos revestimentos pulverizados e tratados termicamente foram efectuados à temperatura ambiente e a temperaturas elevadas. Para verificar o mecanismo de erosão, os impactos individuais foram caracterizados utilizando a Microscopia Eletrónica de Varrimento. À temperatura ambiente, os impactos simples causaram uma reação frágil com os grãos de carboneto e a matriz a serem divididos pela partícula erodente. As fissuras frágeis rodearam cada choque e dividiram-se com os limites do splat, levando a uma contribuição significativa da estrutura do splat para a taxa de erosão. Após o tratamento térmico, o comportamento de erosão dos revestimentos foi mais dúctil com montes de material plasticamente distorcido em torno de cada impacto, o que reduziu radicalmente a taxa de erosão.

Higuera et al. [30] efectuaram o revestimento de NiCr por pulverização térmica utilizando diferentes procedimentos (chama, plasma, HVOF e HFPD) em amostras de aço inoxidável. Este tipo de revestimento é frequentemente utilizado como proteção contra as acções de calor, corrosão e erosão encontradas em tubos de superaquecedores e caldeiras. Foram determinadas as microestruturas, as porosidades, os teores de óxido e a microdureza dos revestimentos. Os ensaios de fadiga térmica foram realizados numa atmosfera semelhante às condições de serviço de uma central eléctrica numa câmara de combustão experimental e, finalmente, os ensaios de tração foram utilizados para determinar a adesão entre o substrato e o revestimento. A microestrutura do revestimento (porosidade e fração volumétrica de óxido) depende do método de projeção.

De Souza et al. [31] realizaram diversas experiências para avaliar o comportamento de revestimentos de WC- Co-Cr aplicados pelo processo de aspersão térmica Super D-Gun™ (Marca

Registada da Praxair S.T. Technology) em ambientes de erosão-corrosão. As experiências foram realizadas em NaCl a 3,5% com diferentes cargas de areia de sílica (200 e 500 mg/l). Estes resultados foram comparados com os dos aços inoxidáveis UNS S31603 e UNS S32760. As medições da perda total de material mostraram que o revestimento aplicado pela Super D-Gun apresentou maior resistência à erosão-corrosão em comparação com ambos os materiais de aço inoxidável. Os diferentes mecanismos de tribocorrosão puderam ser compreendidos através de imagens de microscopia eletrónica de varrimento (SEM). Os mecanismos de dano foram dominados por processos de erosão, mas a corrosão foi afetada por processos de erosão e foi mais vital nos níveis sólidos mais baixos. No caso dos materiais cermet, tem havido muita discussão sobre o papel da corrosão na remoção das partículas de fase dura que podem afetar o desempenho tribológico. Em condições de erosão, foi determinada a taxa de corrosão do revestimento e foi feita uma avaliação da influência da corrosão e dos processos sinérgicos no processo de erosão, utilizando a proteção catódica. A monitorização das taxas de corrosão requer cuidado na interpretação dos dados de polarização linear.

Lia et al. [32] estudaram as difusividades térmicas de revestimentos de Cr_3Cr_2 -NiCr pulverizados por plasma. Estes revestimentos foram depositados utilizando três tipos de pós disponíveis no mercado e foram investigados pelo método de difusividade por flash laser. Os resultados especificam que as difusividades térmicas aumentam com o aumento da temperatura para todas as amostras de revestimento, mas a taxa de aumento é diferente em cada caso. A temperaturas inferiores a 980 °C, o revestimento depositado utilizando o pó grosseiro de partida tem a difusividade térmica mais elevada, enquanto que a temperaturas superiores a 980 °C, o revestimento depositado com o teor mais elevado de liga de NiCr tem a difusividade térmica mais elevada. Na direção da secção transversal, a difusividade térmica é mais elevada do que na direção da espessura. Estes resultados podem ser racionalmente correlacionados, através de um modelo teórico desenvolvido, com as fases, microestruturas, consistindo em lamelas planas tipo placa, poros, óxidos, fissuras interlamelares e intralamelares, e a formação de grãos de tamanho nanométrico nos revestimentos.

Higuera et al. [33] estudaram o comportamento de uma liga de níquel-crómio modificada (com pequenas adições de alumínio e titânio), pulverizada por plasma e chama, sujeita à ação de gases de pós-combustão simulados de um incinerador de caldeira a carvão. O estudo avalia os efeitos da exposição térmica a alta temperatura sobre a aderência entre o substrato (aço inoxidável austenítico) e os revestimentos. Em seguida, foram avaliadas as taxas de oxidação destes revestimentos em atmosferas com 3-3,5% de oxigénio livre a 500 e 800°C (773 e 1073 K). O comportamento de corrosão-erosão a baixa velocidade produzido pelo impacto de cinzas volantes no fluxo de gás a altas temperaturas (773 e 1073 K) foi também avaliado sob ângulos de impacto de 30° e 90°. Finalmente, as superfícies erodidas foram analisadas utilizando V.

Higuera et al. [34] avaliaram o comportamento de ligas Ni-Cr-B-Si-Fe e WC- Ni-Cr-B-Si-Fe pulverizadas por plasma, sujeitas a condições que reproduzem uma atmosfera de gás de pós-combustão de um incinerador de caldeira a carvão. O estudo avaliou os efeitos da exposição térmica a altas temperaturas na microestrutura dos revestimentos e na aderência entre o substrato (aço inoxidável austenítico) e os revestimentos. Foram depois avaliadas as taxas de oxidação destes revestimentos em atmosferas com 3-3,5% de oxigénio livre a 773 e 1073 K. O efeito do WC no comportamento de corrosão-erosão a baixa velocidade produzido pelo impacto de cinzas volantes no fluxo de gás a altas temperaturas (773 e 1073 K) foi avaliado sob ângulos de impacto de 30° e 90°. O comportamento à erosão a alta temperatura dos revestimentos Ni-Cr-B-Si-Fe pulverizados a plasma revelou-se muito prometedor quando comparado com os aços inoxidáveis, outras ligas Ni-Cr e cermets Cr_3C_2, mas, em contrapartida, a baixa resistência à oxidação e a disparidade de expansão térmica dos revestimentos WC Ni-Cr-B-Si-Fe desaconselham a sua utilização em ambientes de caldeiras a temperaturas superiores a 773 K.

Sidhu et al. [35] obtiveram revestimentos de Ni_3Al em aços para tubos de caldeiras através de um processo de projeção de plasma. Em condições cíclicas, foram estudados a caraterização e o comportamento à corrosão a quente dos revestimentos após exposição ao ar e a sal fundido a 900°C. O revestimento de Ni_3Al foi muito eficaz na diminuição da taxa de corrosão ao ar e a sal fundido a 900°C. O revestimento de Ni_3Al foi muito eficaz na diminuição da taxa de corrosão no ar e no sal fundido a 900°C no caso dos tipos de aço ASTM-SA210 grau A1 e ASTM-SA213-T-11. O revestimento foi menos eficaz para o aço ASTM-SA213-T-22 do que os outros revestimentos. O aço ASTM-SA213-T-22 não revestido apresentou uma resistência muito fraca à corrosão a quente em ambiente de sal fundido, com fragmentação da camada de óxido. A resistência à oxidação foi máxima no caso do aço T11 revestido e mínima no caso do aço Gr-A1 não revestido quando sujeito a oxidação no ar a 900°C. O aço Gr-A1 revestido oferece uma boa resistência, em comparação com o aço T22 não revestido, em ambiente de sal fundido.

Machio et al. [36] estudaram o comportamento de revestimentos de pulverização térmica à base de carboneto de tungsténio, amplamente utilizados em aplicações de desgaste. Os investigadores obtiveram os resultados de revestimentos comerciais de WC-12% em peso de Co e WC-17% em peso de Co, bem como de revestimentos experimentais de WC-10% em peso de VC-12% em peso de Co e WC-10% em peso de VC-17% em peso de Co. Os revestimentos foram depositados em substratos de aço inoxidável utilizando um sistema oxi-combustível de alta pressão e alta velocidade. Foram testados em condições iguais para avaliar a sua resistência à abrasão e à erosão. Os revestimentos WC-VC-Co produzidos com os pós optimizados revelam maior resistência à abrasão do que os revestimentos WC-Co comerciais. Na erosão por lama, o melhor desempenho dos revestimentos contendo VC foi tão bom como o dos revestimentos de WC-Co comerciais. Discutiram o papel do

VC e do cobalto no processo de desgaste.

Rajasekaran et al. [37] efectuaram ensaios uniaxiais de fadiga plana e de fadiga por atrito em revestimentos de Cu-Ni-In pulverizados com pistola de detonação em amostras de liga Al-Mg-Si. As amostras foram consideradas em três condições: sem revestimento, com revestimento e retificadas após o revestimento. Os espécimes com revestimento retificado exibiram vidas superiores à fadiga plana e à fadiga por atrito em comparação com os espécimes sem revestimento e com revestimento. O enriquecimento da vida foi discutido em termos de acabamento da superfície e de tensões de compressão residuais na superfície.

Chauhan et al. [38] estudaram o comportamento do aço inoxidável martensítico (designado por 13/4), recentemente utilizado para a produção de peças subaquáticas em projectos hidroeléctricos. A utilização deste aço levantava muitos problemas de manutenção. Um aço nitrónico (denominado 21-4-N) foi desenvolvido como substituto com o objetivo preciso de controlar estes problemas. Estudou-se o comportamento de erosão dos aços 13/4 e 21-4-N por meio de impingimento de partículas sólidas utilizando jato de gás. As superfícies erodidas após os testes de erosão foram analisadas pela técnica SEM. Foi avaliado que o aço nitrónico 21-^N possui uma melhor resistência à erosão em comparação com o aço inoxidável martensítico 13/4.

Mishra et al. [39] efectuaram revestimentos metálicos de Ni-Cr-Al-Y, Ni-20Cr e Ni_3 Al numa superliga à base de Ni (18,5Fe-19Cr-0,15Cu- 0,5Al-3,05Mo-0,18Mn-0,9Ti-0,18S-0,04C-5,13 (Ta +Cb)-balanço Ni). Como revestimento de ligação foi utilizado o Ni-Cr-Al-Y em todos os casos. Os estudos de erosão foram realizados em espécimes de superliga não revestidos e revestidos por pulverização de plasma à temperatura ambiente. Foi utilizado um equipamento de ensaio de erosão por jato de ar para as experiências de erosão a uma velocidade de 40 m/s e ângulos de impacto de 30° e 90°. Foram utilizadas partículas de areia de sílica com tamanhos entre 150 e 212 μm como erodente. Os revestimentos foram caracterizados por microscópio eletrónico de varrimento (SEM), microscópio ótico, microdureza e difratómetro de raios X (XRD). As fases descobertas por XRD dos revestimentos mostraram a estrutura de soluções sólidas. Dos três revestimentos pulverizados a plasma, o revestimento de Ni_3Al apresentou a taxa de erosão mais baixa, independentemente do ângulo de impacto, e o revestimento de Ni-20Cr apresentou a taxa de erosão mais elevada. Para todas as amostras revestidas e não revestidas, as taxas de erosão num ângulo de impacto de 30° foram ligeiramente mais elevadas do que num ângulo de impacto de 90°, indicando assim o seu comportamento dúctil.

CAPÍTULO 3

EXPERIMENTAÇÃO

3.1 SELECÇÃO DO MATERIAL

O material de substrato foi selecionado com base no seu custo e na disponibilidade. O aço CA6NM foi adquirido à Mithila Malleables Pvt. Ltd. Sirhind (Punjab). Antes de analisar o desgaste por erosão do aço CA6NM (mais comummente utilizado em materiais para turbinas), é importante estudar as várias propriedades do material. As propriedades do material estudado são:

- Composição química
- Propriedades mecânicas

3.1.1 Composição química

A composição pormenorizada do material utilizado, ou seja, CA6NM, foi verificada em Munjal Castings, Ludhiana (Punjab). A composição do material é apresentada no capítulo seguinte dos Resultados e Discussões. A certificação da composição química é apresentada no Apêndice I.

3.1.2 Propriedades mecânicas

O CA6NM é um aço de matensite. As propriedades mecânicas nominais são apresentadas de seguida:

- Dureza Brinell - 269 HBW
- Resistência à tração - 755 MPa
- Resistência ao escoamento - 550 MPa

3.2 PREPARAÇÃO DAS AMOSTRAS

O aço mais utilizado na indústria moderna de turbinas, ou seja, o aço CA6NM, deve ser utilizado para efeitos de ensaio. A dimensão das amostras deve ser mantida em 50*30*10mm. Foi utilizada uma serra eléctrica para cortar as peças da barra. O acabamento da superfície das peças é efectuado por uma rebarbadora de superfície e, de acordo com os requisitos, o revestimento deve ser efectuado na amostra.

3.3 DEPOSIÇÃO DE REVESTIMENTO

A técnica de pulverização térmica por plasma foi utilizada para o revestimento. O revestimento efectuado na amostra foi de 50% (WC-Co-Cr) e 50% (Ni-Cr-B-Si) em pó. Foram utilizados ambos os lados das amostras e o revestimento foi efectuado em 250 e 400 microns. O revestimento de pó sobre as amostras é efectuado com a técnica de plasma, da Metalizing Equipments Company Pvt. Ltd, Jodhpur.

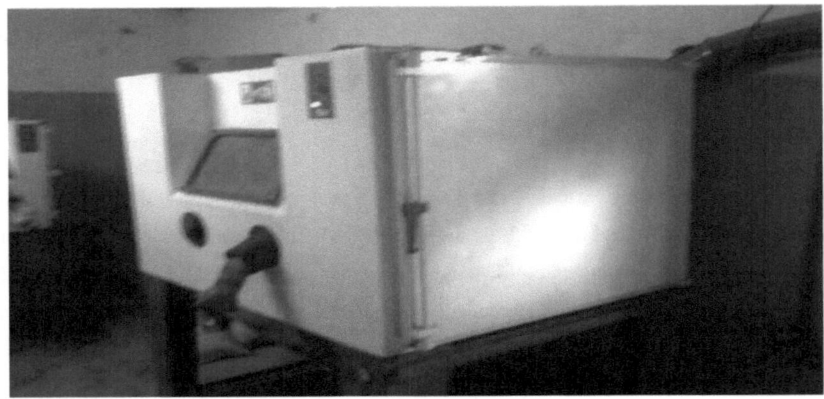

Figura 3.1 Máquina de jato abrasivo [14]

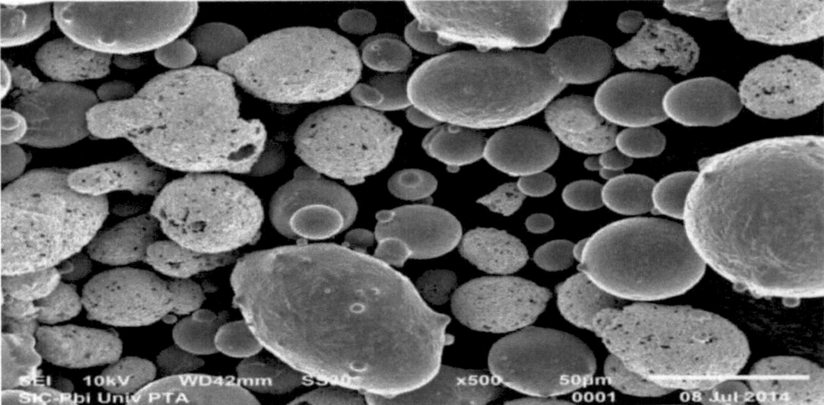

Figura 3.2 Micrografia SEM do pó de revestimento 50% (WC-Co-Cr) e 50% (Ni-Cr-B-Si)

Antes de aplicar os revestimentos, as amostras foram jacteadas com granalha de alumina (Al_2O_3) de 16 mesh a uma pressão de 5 kg/cm^2 utilizando uma máquina de jato abrasivo (figura 3.3). A decapagem das amostras é necessária antes da aplicação do revestimento, de modo a complementar a aderência dos revestimentos à superfície da amostra. O revestimento com uma espessura de 250 mícrones é designado por revestimento A e o revestimento com uma espessura de 400 mícrones é designado por revestimento B. O desbaste das peças de revestimento com uma espessura de 400 mícrones é efectuado com diferentes lixas de grão 4/0 e malha 800.

3.4 DESCRIÇÃO E FUNCIONAMENTO DO APARELHO DE PLASMA

No processo PLASMA, a libertação de gás de transporte para o pó de revestimento é efectuada antes da injeção do pó na corrente de plasma. A tensão utilizada foi de 35 volts e a corrente de 711 amperes. O pó a revestir é fornecido juntamente com esta corrente de alta velocidade sobreaquecida. No plasma, é atingida uma temperatura da ordem dos 10 000 K, o material é fundido e impelido para um substrato, onde as gotículas fundidas se achatam, solidificam rapidamente e formam um depósito.

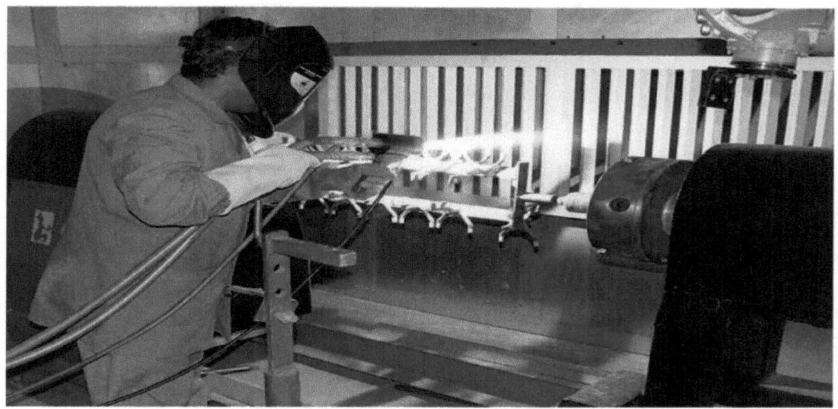

Figura 3.3 Aparelho de revestimento PLASMA [14]

A figura 3.4 mostra o aparelho de PLASMA utilizado para o revestimento das amostras, na Metalizing Equipment. O gás árgon foi utilizado como gás de arrastamento. O gás de arrastamento é utilizado para fazer circular/fornecer o pó juntamente com um fluxo sobreaquecido de alta velocidade. A alimentação foi efectuada a 40-45gm/min a 5,5 rpm. O pó foi colocado na caixa preta, logo abaixo dos indicadores e acima do botão de paragem/arranque. O nível de ruído da máquina de plasma é de 134 Db. Para fornecer uma unidade transversal de pistola linear para o movimento horizontal ou vertical ou qualquer combinação de movimentos para a pistola de pulverização, a MECPL tem uma grande variedade de manipuladores de pistola para um revestimento de pulverização térmica consistente e preciso.

3.5 DESCRIÇÃO DA APARELHAGEM DE ENSAIO

A máquina de ensaio de erosão por jato foi fabricada na Universidade de Punjabi, Patiala. O equipamento de ensaio apresentado na figura 3.4 é constituído por uma bomba centrífuga, um tanque cónico, um bocal, um suporte de amostras, válvulas e um medidor de caudal. A bomba centrífuga, accionada por um motor elétrico de 5 CV e 1500 rpm, tem uma capacidade de pressão máxima de 13,5 bar com uma descarga de 240 l/min. A lama disponível no tanque cónico, como se pode ver na figura 3.1, é aspirada através de um tubo GI de 100 mm com a ajuda de uma bomba e entregue ao bocal através de um tubo de 25 mm com válvulas de controlo. A lama é recirculada durante o ensaio. Durante o ensaio, a temperatura do chorume aumenta até um certo nível e depois permanece constante, o que se deve à ação mecânica da bomba. O caudal do chorume é controlado com a ajuda da válvula principal e da válvula reguladora de derivação entre o lado da distribuição e o bocal. O tanque cónico retangular com 600x450 mm no topo, que converge para 100x100 mm no fundo, com um comprimento de 1200 mm, foi utilizado para armazenar o chorume. É colocada uma rede no fundo do tanque para evitar que o objeto caia no tanque e seja atingido dentro da tubagem. A lama que flui através da bomba a alta pressão é convertida em fluxo de alta velocidade ao passar pela secção convergente do bocal, que tem 60 mm de comprimento e 7 mm de diâmetro e a distância entre o bocal e o espécime pode variar de 25 mm a 90 mm. Depois de atingir o espécime, a lama cai de novo no tanque, uma vez que o suporte está localizado na parte superior do tanque, fechado num invólucro feito de ângulo de aço e equipado com folha de fibra, para facilitar a remoção e a fixação do espécime. As partes principais do aparelho de ensaio de erosão por jato são apresentadas a seguir:

Motor elétrico

Bomba centrífuga

Depósito de lamas

Manómetro

Válvulas de controlo do fluxo

Conjunto do bocal e do suporte

Válvula de drenagem

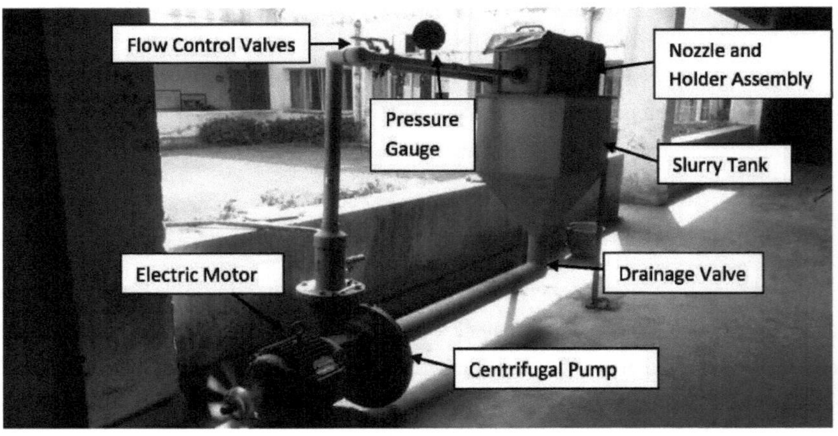

Figura 3.4 Testador de erosão por jato

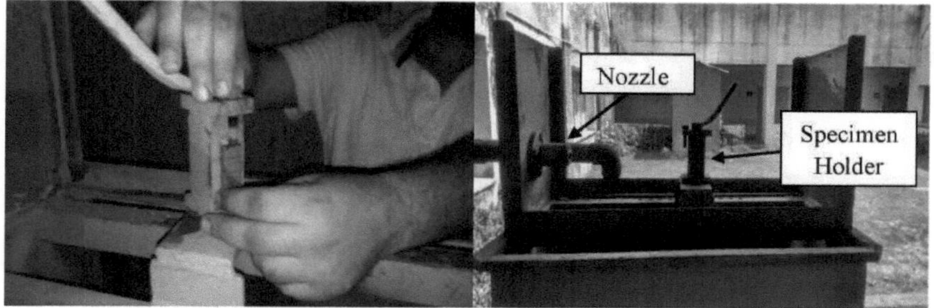

Figura 3.5 (a) Espécime fixado no suporte do espécime, 3.5 (b) Vista mais próxima do conjunto bocal-suporte.

3.5.1 FUNCIONAMENTO DO APARELHO DE ENSAIO DA EROSÃO POR JACTO

Na erosão por jato, um jato de alta velocidade atinge uma amostra plana num ângulo ajustável. Nos ensaios de erosão por jato, a quantidade de material removido é determinada pela perda de peso total. O material que se acumula na superfície da amostra interfere com a partícula que entra. A perda de peso da amostra corresponde à erosão média sobre a superfície. O aparelho de ensaio de erosão por jato foi desenvolvido para investigar o efeito de diferentes parâmetros, nomeadamente o ângulo de impacto e a velocidade, em ambiente controlado. No aparelho de ensaio de erosão por jato, um jato circular de mistura sólido-líquido atinge a amostra de desgaste fixada numa estrutura, que pode ser orientada em qualquer ângulo em relação à primeira. Geralmente, é utilizada uma bomba para acionar a água a alta pressão.

3.6 ANÁLISE GRANULOMÉTRICA

É um procedimento utilizado para avaliar a distribuição do tamanho das partículas. Um peneiro é um dispositivo para separar os elementos desejados do material indesejado ou para caraterizar a distribuição granulométrica de uma amostra, normalmente utilizando uma tela tecida, como a malha. Os tamanhos de peneira adequados de acordo com os requisitos são seleccionados e colocados por ordem decrescente de tamanho, de cima para baixo, num agitador de peneira mecânico. É colocado um tabuleiro por baixo do conjunto de peneiras para recolher o agregado que passou pelo mais pequeno. A areia analisada para a experimentação é retirada do rio Sutlej. O número BSS das peneiras utilizadas para as granulometrias pretendidas foi 45, 60 e 100. As dimensões médias das partículas seleccionadas para a experimentação são:

1. 150μm
2. 250μm
3. 350μm

3.7 CONCEPÇÃO EXPERIMENTAL

A matriz ortogonal L_9 do método de Taguchi foi utilizada como projeto de experiência para realizar várias execuções. Os parâmetros utilizados para a conceção da experiência foram a concentração da lama, o tamanho das partículas, o ângulo de impacto e a velocidade das partículas. A Tabela 4.1 mostra o projeto da matriz ortogonal L_9 e as Tabelas 4.1 (a) a 4.1 (d) mostram os diferentes níveis dos diferentes parâmetros.

Tabela 3.1 L_9 Matriz ortogonal do método de Taguchi

Vários percursos	Tamanho das partículas	Concentração	Velocidade	Ângulo
Corrida 1	A1	B1	C1	D1
Corrida 2	A1	B2	C2	D2
Corrida 3	A1	B3	C3	D3
Corrida 4	A2	B1	C2	D3
Execução 5	A2	B2	C3	D1
Corrida 6	A2	B3	C1	D2
Corrida 7	A3	B1	C3	D2
Executar 8	A3	B2	C1	D3
Corrida 9	A3	B3	C2	D1

Tabela 3.2 Diferentes níveis de tamanho de partícula

Tamanho das partículas	em pm
A1	150
A2	250
A3	350

Quadro 3.3 Diferentes níveis de concentração

Concentração	em ppm
B1	10,000
B2	20,000
B3	30,000

Quadro 3.4 Diferentes níveis de velocidade

Velocidade	em m/seg
C1	20
C2	40
C3	60

Quadro 3.5 Diferentes níveis de ângulo

Ângulo	em graus
D1	**30°**
D2	**60°**
D3	**90°**

3.8 PROCEDIMENTO DE ENSAIO

A máquina de ensaio de erosão a jato utilizada para este trabalho não é automatizada. A maior parte das actividades do ensaio de erosão são manuais. Durante as experiências, todas as observações são registadas manualmente. Em primeiro lugar, a amostra é devidamente limpa e depois seca, se necessário. Depois, mede-se o peso inicial do provete. Em seguida, prende-se a amostra no equipamento de ensaio e coloca-se o suporte no ângulo necessário. Em seguida, ligar a bomba e ajustar a velocidade do fluxo de água. Executar o ensaio durante três horas e retirar o provete do equipamento. Em seguida, limpa-se a amostra com acetona e mede-se o peso na microbalança.

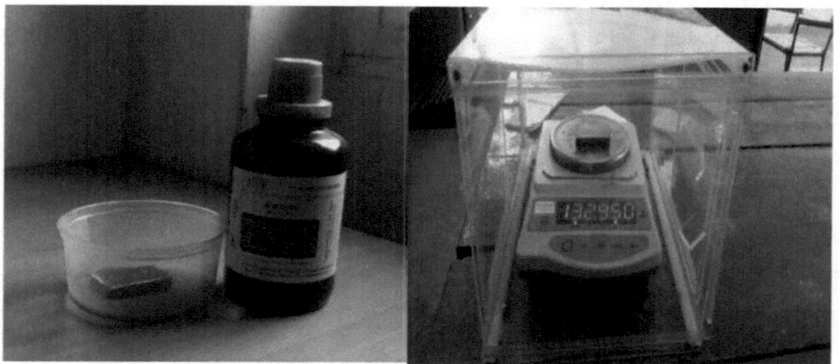

Figura 3.6 (a) Limpeza do provete, (b) Pesagem do provete na microbalança

CAPÍTULO 4

RESULTADOS E DEBATES

Neste capítulo, os resultados de vários ensaios realizados para o trabalho experimental e os resultados do desempenho da erosão do revestimento (50%) WC-Co-Cr e (50%) Ni-Cr-B-Si de 250 e 400 mícrones de espessura e do aço CA6NM não revestido foram explicados com a ajuda dos resultados obtidos a partir do equipamento de ensaio de erosão por lama. A comparação foi efectuada tendo em conta a taxa de erosão cumulativa por unidade de área dos espécimes. Todos os ensaios de erosão foram efectuados durante 180 minutos. Os resultados dos mesmos foram resumidos neste capítulo. Os gráficos também são traçados para mostrar a comparação. Os dados utilizados para traçar os gráficos são apresentados no apêndice II.

4.1 Composição química

A composição pormenorizada do material utilizado, ou seja, CA6NM, foi verificada em Munjal Castings, Ludhiana (Punjab). O certificado de composição química é apresentado no apêndice II. A composição do material é apresentada a seguir:

Tabela 4.1 Composição química do material CA6NM

Elemento	C	Si	Mn	P	S	Cr	Mo	Ni	Co	V	Fe
Percentagem	0.030	0.639	0.166	0.021	0.004	12.92	0.594	3.05	0.055	0.006	82.41

4.2 Desempenho de erosão do aço CA6NM e revestimento de 50% (WC-Co-Cr) e (50%) Ni-Cr-B-Si de 250 e 400pm de espessura.

O desempenho da erosão do aço CA6NM e de 50% (WC-Co-Cr) e 50% (Ni-Cr-B-Si) foi avaliado através da variação da velocidade, do ângulo de impacto e do nível de concentração. O efeito do tempo na perda de peso ao variar os diferentes parâmetros também é avaliado com o efeito de cada parâmetro. O efeito do tempo na perda de peso é apresentado em primeiro lugar. A comparação de vários revestimentos para diferentes execuções é mostrada nas figuras 4.1 a 4.9, respetivamente, para todas as nove execuções realizadas numa gama de parâmetros, a erosão máxima terá lugar num ângulo de impacto de 90^0 a uma velocidade de 60m/s. e a erosão mínima terá lugar num ângulo de impacto de 30^0 a uma velocidade de 20m/s. Pode ver-se claramente que a quantidade de perda de material aumenta com o tempo, o que é normal. O declive dos gráficos é praticamente o mesmo ao longo de todo o percurso. Isto mostra que uma quantidade quase igual de peso se perde em cada intervalo de tempo, dependendo dos parâmetros de controlo. O revestimento de 50% (WC-Co-Cr) e 50% (Ni-Cr-B-Si) de 250µm de espessura é designado por revestimento A e o revestimento de 400µm de espessura é designado por revestimento B.

Corrida 1

A Corrida 1 foi efectuada mantendo todos os parâmetros no primeiro nível (A1, B1, C1 e D1) de acordo com a matriz L_9 . A execução 1 apresenta a erosão mínima entre todas as nove execuções.

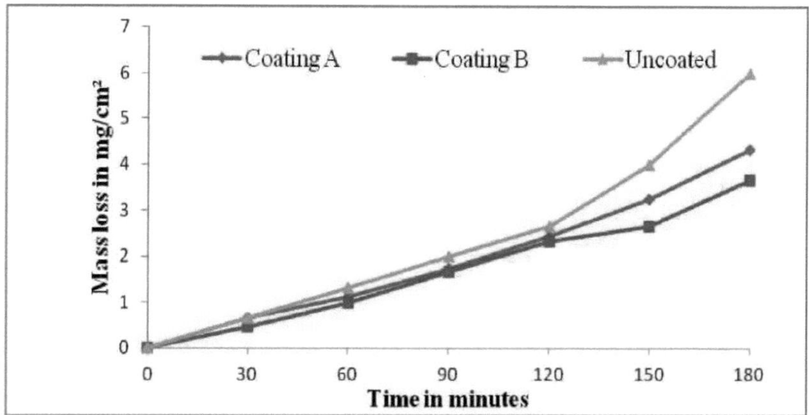

Figura 4.1 Variação da perda de massa em função do tempo para o ensaio 1

Para a corrida 1, a erosão é praticamente a mesma durante a primeira meia hora para o material revestido e não revestido. A taxa de erosão aumenta após esse período de tempo. Após 3 horas, a erosão é máxima para o material não revestido e mínima para o revestimento B.

Corrida 2

O ensaio 2 foi realizado mantendo todos os parâmetros no segundo nível, exceto a dimensão das partículas (A1, B2, C2 e D2). Este ensaio mostra mais erosão do que o ensaio 1 devido à alteração dos parâmetros.

A Figura 4.2 mostra que a erosão do material não revestido é muito rápida em comparação com a do material revestido. Após 1 hora, a diferença na perda de material para o revestimento A e B é muito pequena, mas aumenta após 3 horas.

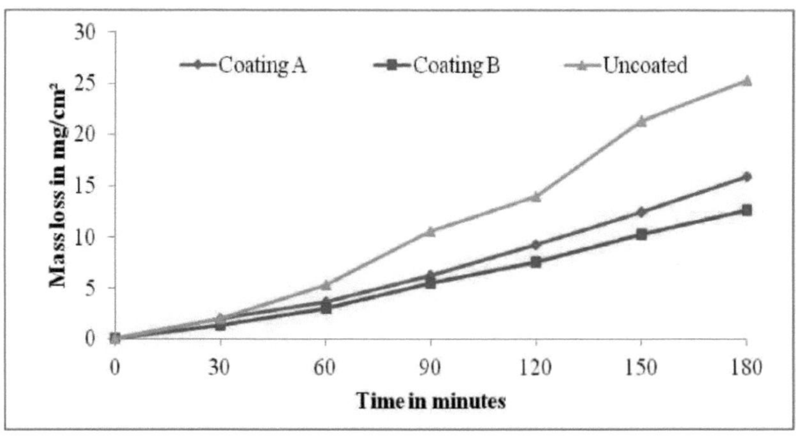

Figura 4.2 Variação da perda de massa em função do tempo para o ensaio 2

Corrida 3

O ensaio 3 foi realizado mantendo todos os parâmetros no terceiro nível, exceto o tamanho das partículas (A1, B3, C3 e D3). No ensaio 3, a taxa de erosão foi a mais elevada de todos os nove ensaios.

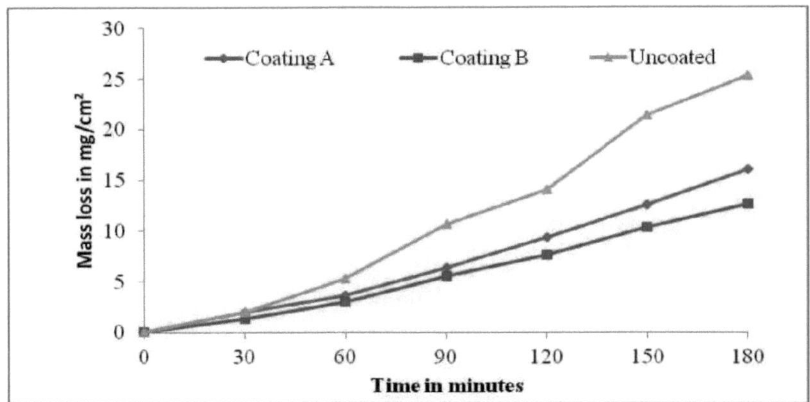

Fig 4.3 Variação da perda de massa em função do tempo para o ensaio 3

Para o ensaio 3, é evidente a partir da figura 4.3 que a erosão é máxima no ensaio 3, em comparação com todos os ensaios. Inicialmente, durante a primeira hora, a perda de material no revestimento A e no revestimento B é semelhante. Depois disso, a perda de massa varia em ambos os revestimentos, sendo a perda de massa do material não revestido muito elevada em comparação com ambos os revestimentos.

Corrida 4

O ensaio 4 foi efectuado mantendo os parâmetros A2, B1, C2 e D3. Este ensaio mostra uma mudança moderada na taxa de erosão

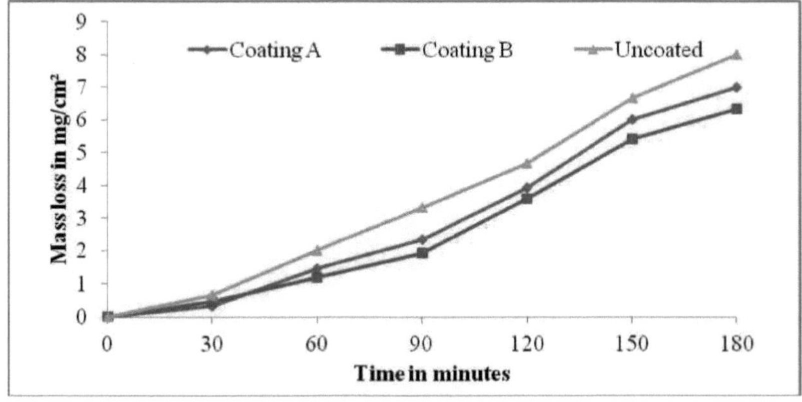

Figura 4.4 Variação da perda de massa em função do tempo para a corrida 4

A Figura 4.4 mostra a variação da perda de massa para a corrida 4. A perda de massa do revestimento

A e do revestimento B é a mesma inicialmente. Após 90 minutos, a variação da perda de massa ocorre para todos os materiais. Isto pode dever-se ao aumento da temperatura ou ao facto de as fissuras demorarem algum tempo a propagar-se.

Execução 5

A corrida 5 foi efectuada mantendo os parâmetros nos níveis A2, B2, C3, D1. Este ensaio é o terceiro a contar do topo no que respeita à taxa de erosão máxima.

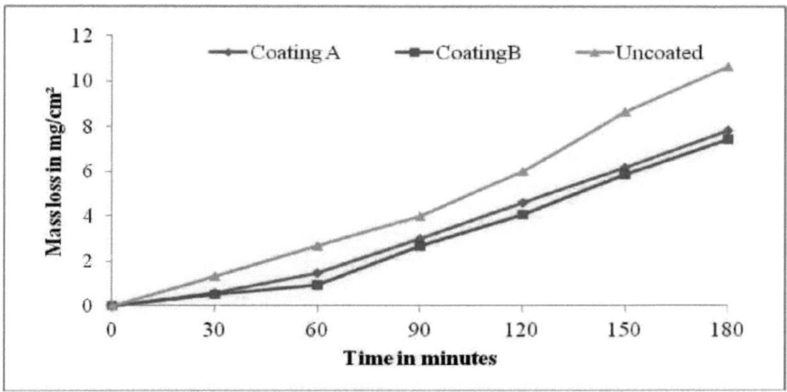

Figura 4.5 Variação da perda de massa em função do tempo para a corrida 5

A Figura 4.5 mostra que a perda de massa do material não revestido é elevada em todos os intervalos de tempo, em comparação com ambos os revestimentos. Para os revestimentos A e B, a perda de massa após 30 minutos é praticamente a mesma, após o que começa a haver alguma variação na perda de massa. Após 3 horas, a perda de massa do material não revestido é muito elevada em comparação com ambos os revestimentos e a diferença de perda de massa entre o revestimento A e o revestimento B é muito pequena.

Corrida 6

O ensaio 6 foi efectuado fixando os parâmetros a diferentes níveis: A2, B3, C1 e D2. Este ensaio mostra uma taxa de erosão moderada.

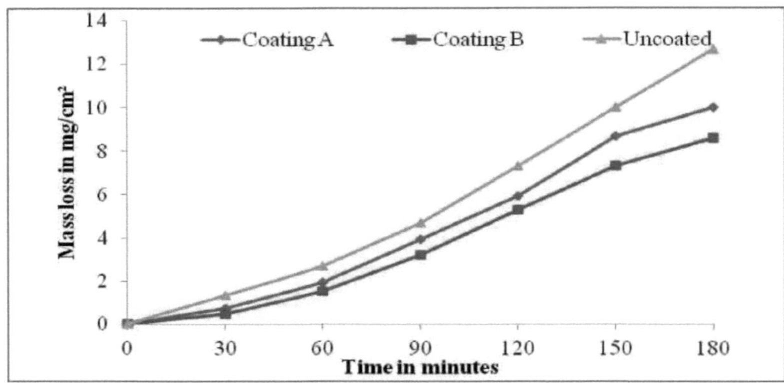

Figura 4.6 Variação da perda de massa em função do tempo para o ensaio 6

A Figura 4.6 mostra que a diferença na perda de massa para todos os materiais começa inicialmente. Em todas as fases, a diferença na perda de massa é significativa. A diferença na perda de massa para o revestimento A e B está a aumentar em todas as fases.

Corrida 7

Os níveis A3, B1, C3 e D2 foram definidos de acordo com a matriz ortogonal L_9 para efetuar a corrida 7. Este ensaio também resulta numa erosão moderada, uma vez que a erosão depende de vários parâmetros.

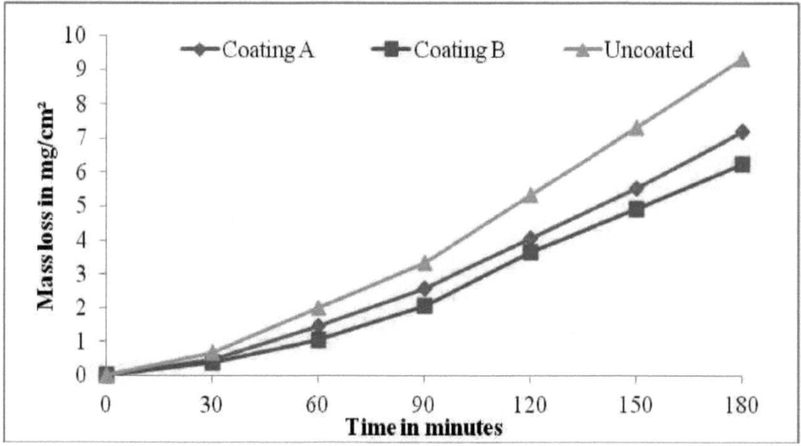

Figura 4.7 Variação da perda de massa em função do tempo para o ensaio 7

A perda de massa do revestimento aumenta após 2 horas e é semelhante à do revestimento A. Pode dever-se a fissuras na superfície do revestimento. Mas após 3 horas há uma grande diferença na perda de massa de ambos os revestimentos. A perda de massa do revestimento sem revestimento é muito elevada, como mostra a figura 5.7, em comparação com ambos os revestimentos.

Executar 8

Os níveis A3, B2, C1 e D3 foram definidos de acordo com a matriz ortogonal L_9 para efetuar a corrida 8. Em A3 é utilizada a dimensão máxima das partículas. O nível de concentração é de 20000ppm, a velocidade é mais baixa e é adotado um ângulo de 90°.

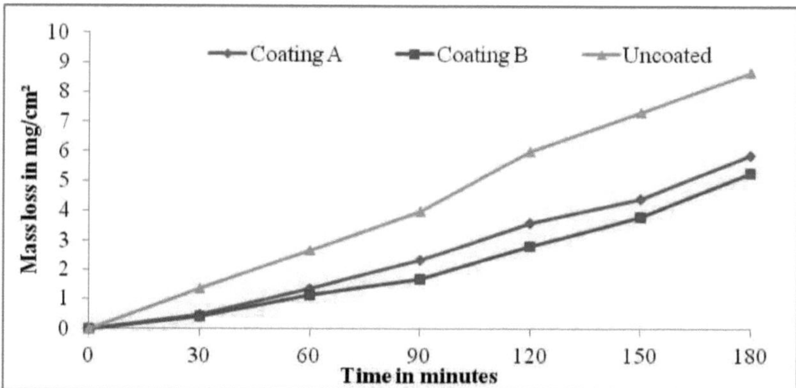

Figura 4.8 Variação da perda de massa em função do tempo para o ensaio 8

A Figura 4.8 mostra que a perda de massa para o revestimento A e B é semelhante durante a primeira 1 hora. Mas no material não revestido é muito elevada. O gráfico linear para o material não revestido mostra que, na corrida 8, a perda de massa do material não revestido é muito elevada em comparação com ambos os revestimentos. Tal pode dever-se ao ângulo de impacto de 90°, uma vez que a perda de massa neste ângulo é superior.

Corrida 9

Os níveis A3, B3, C2 e D1 foram definidos de acordo com a matriz ortogonal L_9 para efetuar a corrida 7. Este ensaio resulta na segunda taxa de erosão mais elevada de todos os nove ensaios, uma vez que a erosão depende de vários parâmetros.

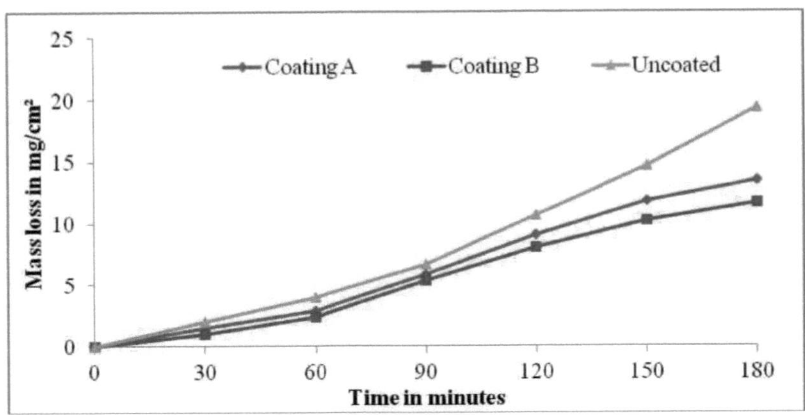

Figura 4.9 Variação da perda de massa em função do tempo para o ensaio 9

Figura 4.9: Mostra que a diferença de perda de massa é baixa nas primeiras 2 horas. Mas no caso do material não revestido, há um grande aumento na perda de massa após 2 horas. Isto pode dever-se ao aumento da temperatura. A variação da perda de massa para o revestimento A em comparação com o revestimento B não é muito grande nas primeiras 2 horas, mas na última hora a diferença na perda de massa é significativa.

4.2.1 Desempenho em termos de erosão do revestimento de 50% (WC-Co-Cr) e (50%) Ni-Cr-B-Si de 250 g de espessura em diferentes regimes

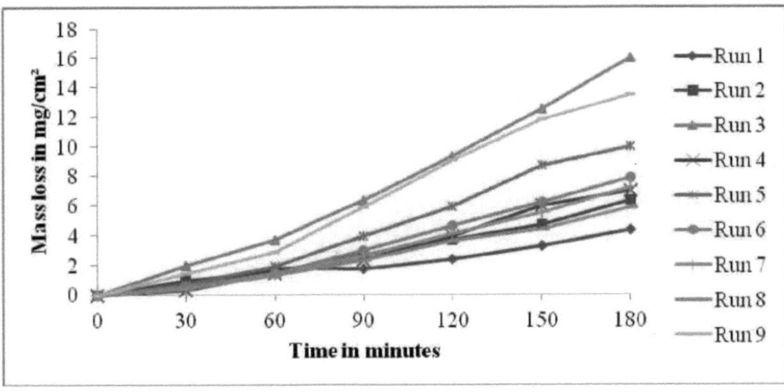

Figura 4.10 Variação da perda de massa em função do tempo para o revestimento A em diferentes passagens

A figura 4.10 mostra que a erosão do revestimento A é máxima no percurso 3, em que o ângulo de impacto é de 90°, a velocidade é de 60 m/s e o nível de concentração é máximo, e que a erosão é mínima no percurso 1, em que o ângulo é de 30° e os níveis de concentração e de velocidade são mínimos. Para os ensaios 4 e 5, não há grande diferença na perda de massa.

4.2.2 Desempenho em termos de erosão do revestimento de 50% (WC-Co-Cr) e (50%) Ni-Cr-B-Si de 400 gm de espessura em diferentes regimes

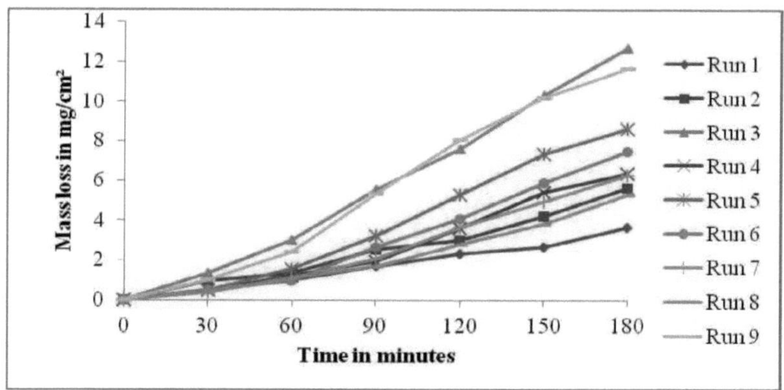

Figura 4.11 Variação da perda de massa em função do tempo para o revestimento B em diferentes passagens

A Figura 4.11 mostra a taxa de erosão em diferentes passagens para o revestimento B. A erosão é máxima para a passagem 3 num ângulo de 90°, velocidade de 60m/s, concentração máxima e dimensão mínima das partículas. A erosão no percurso 1 é mínima num ângulo de 30°, com velocidade mínima, dimensão mínima das partículas e nível de concentração para os percursos 5 e 4, onde as taxas de erosão são quase semelhantes. Por vezes, a taxa de erosão do percurso 9 é superior à do percurso 3.

4.2.3 Desempenho em termos de erosão do aço CA6NM não revestido em várias passagens

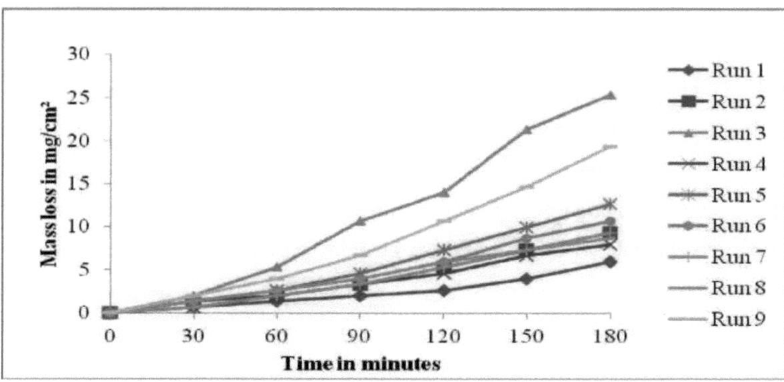

Figura 4.12 Variação da perda de massa em função do tempo para as amostras não revestidas em diferentes passagens

A Figura 4.12 mostra a taxa de erosão para diferentes ensaios para o aço CA6NM não revestido. A taxa de erosão é máxima para a corrida 3 e mínima para a corrida l. O ângulo na corrida 3 é de 90°, a concentração e a velocidade são máximas, enquanto a dimensão das partículas é mínima. A taxa de erosão é semelhante para as corridas 7 e 2, nas quais são utilizadas concentrações semelhantes, enquanto o ângulo é de 60° e 30°, respetivamente. Após uma hora, a diferença na taxa de erosão é mais significativa para os diferentes ensaios.

4.2.4 Comparação entre o aço CA6NM e o revestimento de 50% (WC-Co-Cr) e (50%) Ni-Cr-B-Si de 250 μm e 400 μm de espessura em diferentes execuções

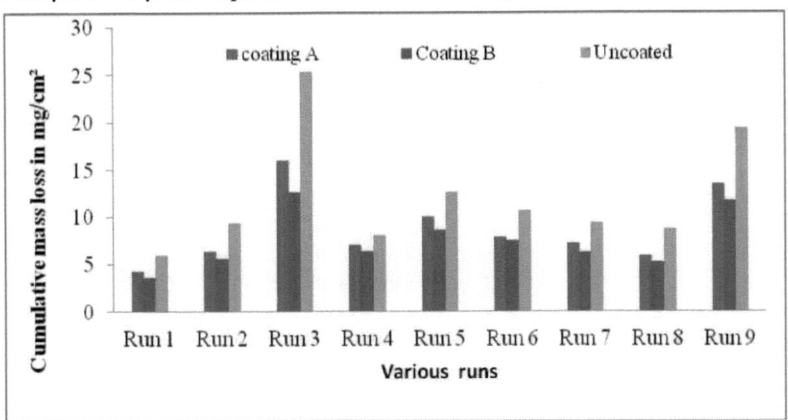

Figura 4.13 Perda de massa cumulativa em função do tempo para diferentes revestimentos em diferentes séries

A Figura 4.13 mostra a comparação da perda de massa cumulativa para o aço CA6NM e para os revestimentos em diferentes execuções. A perda de massa para o material não revestido é maior em cada execução do que para os revestimentos. Na corrida 3, a perda de material sem revestimento é quase o dobro em comparação com o revestimento B. Na corrida 4, a diferença na perda de massa para o revestimento A e B é muito pequena.

4.2.5 Efeito da concentração no desgaste por erosão

Como sabemos, com o aumento da concentração, o número de partículas de impacto na lama também aumenta, pelo que, em geral, se conclui que a taxa de erosão também é suscetível de aumentar, mas devido ao efeito das partículas de ricochete e da colisão dentro das próprias partículas tem algum efeito negativo sobre esta teoria, sem qualquer colisão a taxa de erosão deve mostrar alguma taxa linear. O efeito do aumento da concentração na perda de massa do material de base CA6NM não revestido e revestido é aqui discutido. A fig. 4.14 mostra que a perda de massa aumenta com o aumento da concentração. O material revestido e não revestido mostra que, com o aumento da concentração, a taxa de erosão é diretamente afetada. Mas esta tendência não é proporcional, uma vez que, ao reduzirmos a concentração, a queda da perda de massa não varia linearmente. Esta pode também seguir um caminho inverso a um nível de concentração mais elevado. A razão para este facto é explicada por ele, uma vez que as partículas são rebatidas e ficam presas. A perda de massa para o material não revestido é máxima no nível máximo de concentração. Também é máxima para o revestimento A e para o revestimento B ao nível máximo de concentração da lama. A perda de massa a 30000ppm é quase o dobro em comparação com a concentração de 10000ppm.

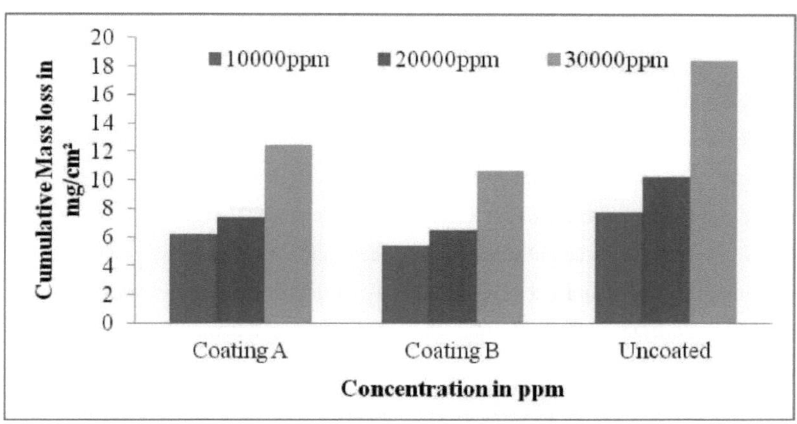

Figura 4.14 Comparação da perda de massa cumulativa em diferentes concentrações

4.2.6 Efeito da velocidade no desgaste por erosão

Para avaliar o efeito da velocidade no desgaste por erosão, foram efectuados testes a três níveis diferentes de velocidade (alta, média e baixa velocidade). O efeito da velocidade pode ser calculado medindo a perda de peso em cada nível de velocidade. O efeito da velocidade é mais significativo do que o de outros factores no desgaste por erosão. O efeito da velocidade no desgaste por erosão é mostrado na figura 4.15.

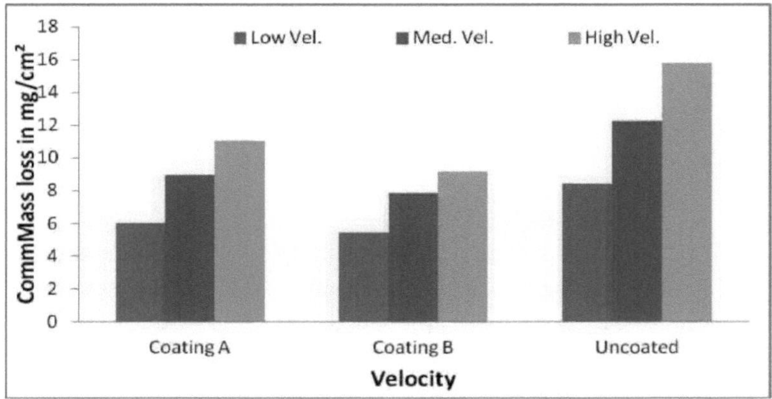

Figura 4.15 Comparação da perda de massa acumulada a diferentes níveis de velocidade

A figura 4.15 mostra claramente que a perda de material aumenta com o aumento da velocidade. A tendência do efeito da velocidade é a mesma em diferentes ângulos. Com o aumento da velocidade, a energia cinética das partículas sólidas da lama aumenta e, assim, há mais energia disponível no erodente para deformar e remover o material. O aumento da perda de peso é de aproximadamente 45% quando a velocidade é aumentada de 20m/s para 60m/s. A erosão do revestimento B é menor em comparação com o revestimento A e o material não revestido. A perda de massa aumenta com o aumento da velocidade no CA6NM

material não revestido e revestido.

Como o desgaste por erosão ocorre devido à energia cinética das partículas em impacto, é de esperar que a taxa de erosão aumente com o aumento da velocidade das partículas em impacto. Este facto já foi comprovado por muitos investigadores [15, 9] com base nos seus estudos experimentais. Este gráfico indica que, com o aumento da velocidade, a taxa de erosão do revestimento por plasma e do aço CA6NM aumenta. A razão subjacente a este facto pode ser a sugerida por Grewal et al. [9]: quando os impactos ocorrem a baixa velocidade, as partículas em ricochete podem desacelerar e desviar mais eficazmente as partículas que entram. No entanto, quando a velocidade de impacto é elevada, as partículas em ricochete não seriam capazes de interagir com as partículas que chegam com intensidade semelhante, como acontece durante os impactos de baixa velocidade [15].

4.2.7 Efeito do ângulo no desgaste por erosão

O efeito do ângulo na taxa de erosão é verificado utilizando três níveis de impacto da lama. Os ângulos utilizados para verificar o efeito do ângulo são 30°, 60° e 90°. A perda de massa em todos estes níveis é verificada. O efeito do ângulo na perda de massa em materiais CA6NM não revestidos e revestidos é apresentado na figura 4.16.

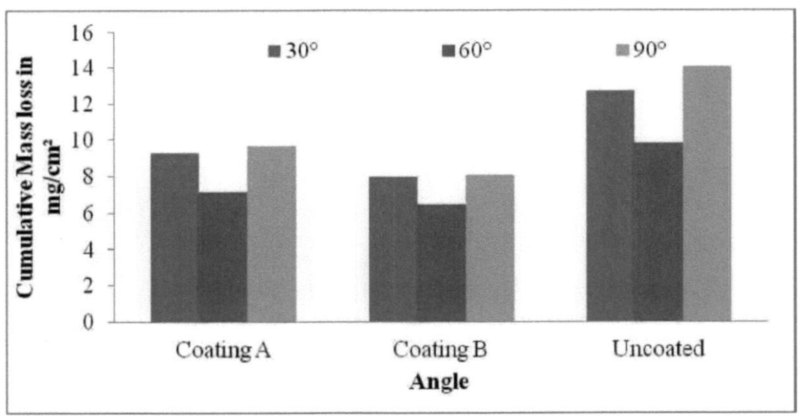

Figura 4.16 Comparação da perda de massa acumulada em diferentes ângulos

O efeito do ângulo de impacto é um parâmetro muito significativo no estudo da erosão. A erosão máxima ocorre a 90^0 e a mínima a 60^0 , como se mostra na figura 4.16. A erosão mais elevada a 90^0 indica que o aço CA6NM é dúctil por natureza. A presença de fase austenítica é responsável pela maior erosão a 90^0 ' A maior erosão a 90^0 pode dever-se ao mecanismo de micro-corte. A um ângulo inferior, a componente tangencial da velocidade é responsável pela erosão. A ângulos mais elevados, a componente normal da velocidade é responsável pela erosão, o que pode provocar uma maior deformação plástica da superfície e o endurecimento por trabalho, levando à redução da perda de peso. Isto revelar-nos-á a estrutura do revestimento e o mecanismo que é mais responsável pela sua falha. A Fig. 5.15 mostra como a perda de massa do revestimento se altera com a variação do ângulo, dando uma ideia do efeito de diferentes ângulos no revestimento. O impacto do ângulo também é útil para comparar os dois substratos utilizados para o revestimento. Da mesma forma, para o revestimento A e o revestimento B, a erosão é máxima num ângulo de 90° e mínima a 60°. Observam-se tendências semelhantes para o material revestido e não revestido: a 90°, a erosão é máxima.

O mecanismo subjacente à remoção de material por erosão depende das propriedades do material e do ângulo com que o erodente atinge a superfície alvo. Goyal et al. [6] sugeriram que a remoção de material da superfície de materiais dúcteis ocorre por um processo de micro-corte direto ou deformação plástica, seguido de corte. Este gráfico indica que a **taxa de erosão máxima ocorre a 90° e a mínima a 60°. Este gráfico também ilustra que a taxa de erosão a 30° é ligeiramente inferior à de 90°. A razão subjacente a este facto pode ser** a sugerida por Grewal et al. [9], segundo a **qual, no** ângulo de **impacto de 90'**, o mecanismo de plaquetas e a formação de crateras profundas desempenham **um papel importante no mecanismo de erosão, ao passo que, no ângulo de 30°, a lavra, juntamente** com o mecanismo misto proposto de corte e lavra, pode ser responsável pela remoção do material. Para **60°, apenas a lavra pode ser responsável, uma vez que a energia de impacto das** partículas faria com que o material se deformasse plasticamente. Estas partículas de material deformadas plasticamente, tais como as de forma esférica, têm efeitos à medida que o material se desloca e se acumula na extremidade de onde a partícula sai.

4.2.8 Efeito do tamanho das partículas no desgaste por erosão

Para verificar o efeito do tamanho das partículas, são utilizados vários tamanhos de lama como 150µm, 250µm, 350µm para diferentes execuções. O efeito do tamanho das partículas é apresentado na figura 4.17

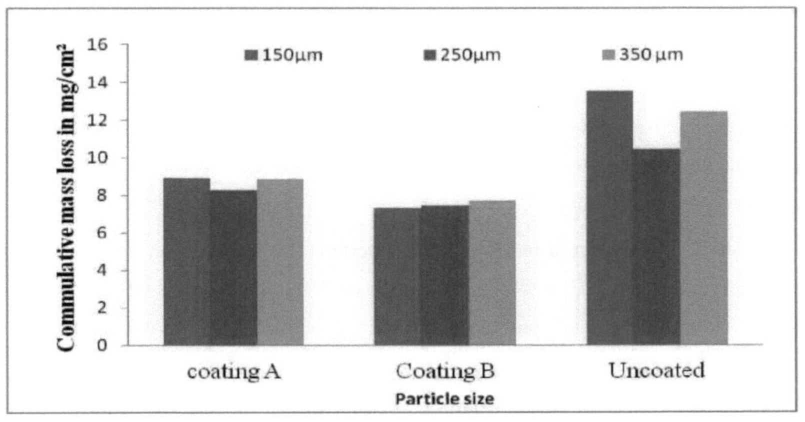

Figura 4.17 Comparação da perda de massa acumulada com diferentes tamanhos de partículas

A figura 5.16 mostra que a dimensão das partículas não tem um efeito significativo na taxa de erosão. A perda de massa na granulometria de 150µm é ligeiramente elevada em comparação com as granulometrias de 250µm e 350µm.

Este gráfico indica que a dimensão das partículas não tem um efeito significativo na perda de massa devido à erosão da lama. A razão para este facto é que, à medida que a partícula aumenta de tamanho, a área da superfície da partícula também aumenta. Isto significa que há mais superfície de partícula que entrará em contacto com a superfície metálica no momento do impacto, o que levará a que a força no momento do impacto seja distribuída por uma área mais vasta e também que as partículas maiores na superfície metálica podem impedir que outras partículas entrem em contacto com a superfície. Isto conduzirá a uma menor profundidade de penetração e, por conseguinte, os danos por erosão não se alterarão significativamente, apesar de a massa e a dimensão da partícula serem maiores. No entanto, é evidente a partir do gráfico para a amostra não revestida que as partículas finas são capazes de erodir mais à medida que o número de partículas aumenta durante o impacto.

4.3 ANÁLISE SEM

Um microscópio eletrónico de varrimento (MEV) é um tipo de microscópio eletrónico que capta imagens de uma amostra através do seu varrimento com um feixe de electrões de alta energia. Os electrões interagem com os átomos que constituem a amostra, produzindo sinais que contêm informações sobre a composição da topografia da superfície da amostra. A análise SEM do revestimento e das amostras de material utilizado para efeitos de erosão foi examinada no Centro de Instrumentos Sofisticados da Universidade de Punjabi, Patiala, com a ajuda de um microscópio eletrónico de varrimento (JSM 6510) para visualizar a alteração da microestrutura, a fim de conhecer o mecanismo de erosão. Para examinar a superfície das amostras erodidas e compreender os mecanismos que podem ser responsáveis pela erosão das amostras com lama no presente trabalho, as amostras erodidas foram analisadas no MEV. As micrografias SEM foram tiradas no local em que a lama contendo as partículas impactantes estava a bater em ângulo reto com as superfícies das amostras. Os locais foram escolhidos por terem sido os mais afectados pela erosão, como se pode observar pelo exame físico das amostras. No entanto, é difícil comentar o ângulo de impacto de cada uma das partículas impactantes, que se acredita ser aleatório devido à morfologia angular das partículas e às condições de fluxo.

As micrografias SEM mostram a morfologia da superfície das amostras corroídas pela lama dos revestimentos (50%) WC-Co-Cr e (50%) Ni-Cr-B-Si de 250 e 400 microns de espessura e do aço CA6NM, que são mostradas nas figuras n.ºs 4.18 a 4.21, respetivamente. 4.18 a 4.21, respetivamente.

4.3.1 Análise SEM do aço CA6NM não revestido e não realizado e do revestimento (50%) WC-Co-Cr e (50%) Ni-Cr-B-Si de 250µm e 400µm de espessura

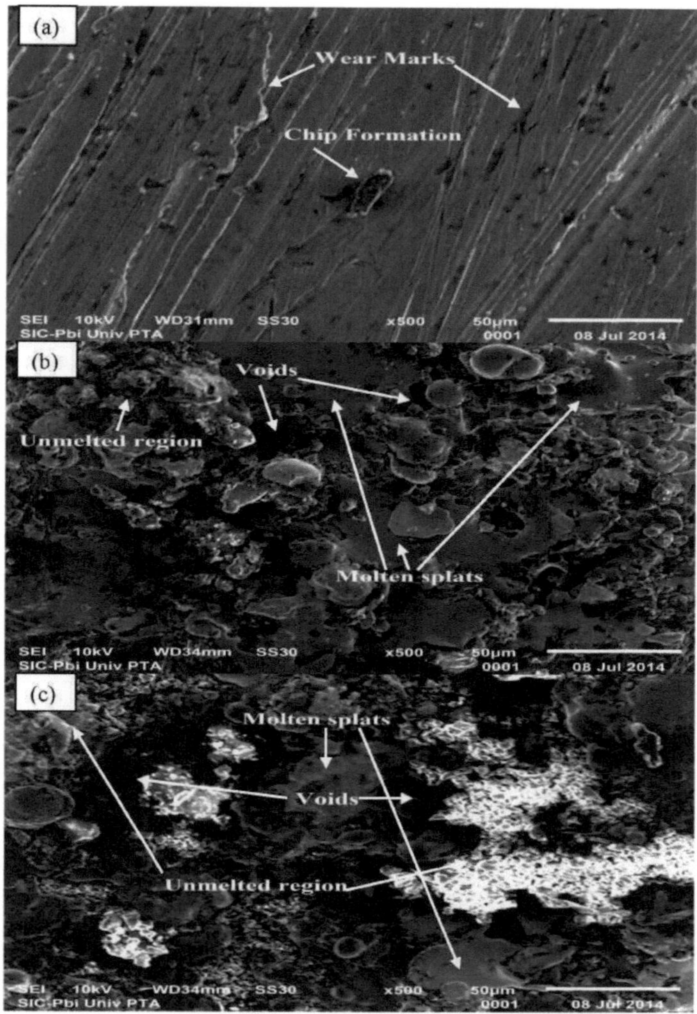

Figura 4.18 Micrografia SEM de material CA6NM não realizado (a) não revestido (b) revestimento de WC-Co-Cr (50%) e Ni-Cr-B-Si (50%) de 250μm de espessura e (c) de 400μm de espessura

A figura 4.18 mostra a semicrografia de CA6NM sem revestimento, (50%) WC-Co-Cr e (50%) Ni-Cr-B-Si com 250μm de espessura e 400μm de espessura. A micrografia 4.18 (a) mostra que, no material não revestido, há formação de lascas e marcas de desgaste presentes no material. O revestimento de 250μm de espessura mostra que existem vazios, salpicos fundidos e região não fundida. Pode ser devido à alta temperatura no momento da deposição do revestimento. A micrografia SEM 4.18 (c) mostra que há menos vazios na superfície. Pode dever-se ao facto de a superfície ter sido esmerilada com papéis de esmeril muito finos. A superfície SEM do revestimento pulverizado também mostrou a presença de alguns micro-vazios na superfície. Também são visíveis algumas microfissuras na superfície do revestimento. A partir das imagens SEM, pode observar-se que o revestimento tem uma microestrutura lamelar, que consiste não só em lamelas de salpicos totalmente fundidas, mas também contém algumas partículas não fundidas dentro dos salpicos. Podem ser identificados dois tipos de regiões a partir da superfície SEM: regiões parcialmente fundidas e totalmente fundidas misturadas sem mostrar limites claros. Ao embater na superfície, a região fundida tentou achatar-se, mas o núcleo não fundido formou uma região não fundida quase arredondada. A presença de partículas não fundidas e parcialmente fundidas no revestimento de (50%) WC-Co-Cr e (50%) Ni-Cr-B-Si depositado pelo processo de projeção de plasma pode dever-se às elevadas temperaturas associadas ao processo de projeção de plasma. As amostras revestidas indicam claramente que o revestimento tem uma microestrutura transversal laminar tipo splat, que é uma caraterística típica dos revestimentos por aspersão térmica. De um modo geral, o revestimento apresentava uma microestrutura superficial quase uniforme, constituída por placas entrelaçadas. Algumas partículas muito finas não fundidas pareciam estar incrustadas em salpicos fundidos nalguns locais. As amostras de revestimento parecem ter micro-vazios presentes nas mesmas

4.3.2 Análise SEM do revestimento (50%) WC-Co-Cr e (50%) Ni-Cr-B-Si de 250μm de espessura

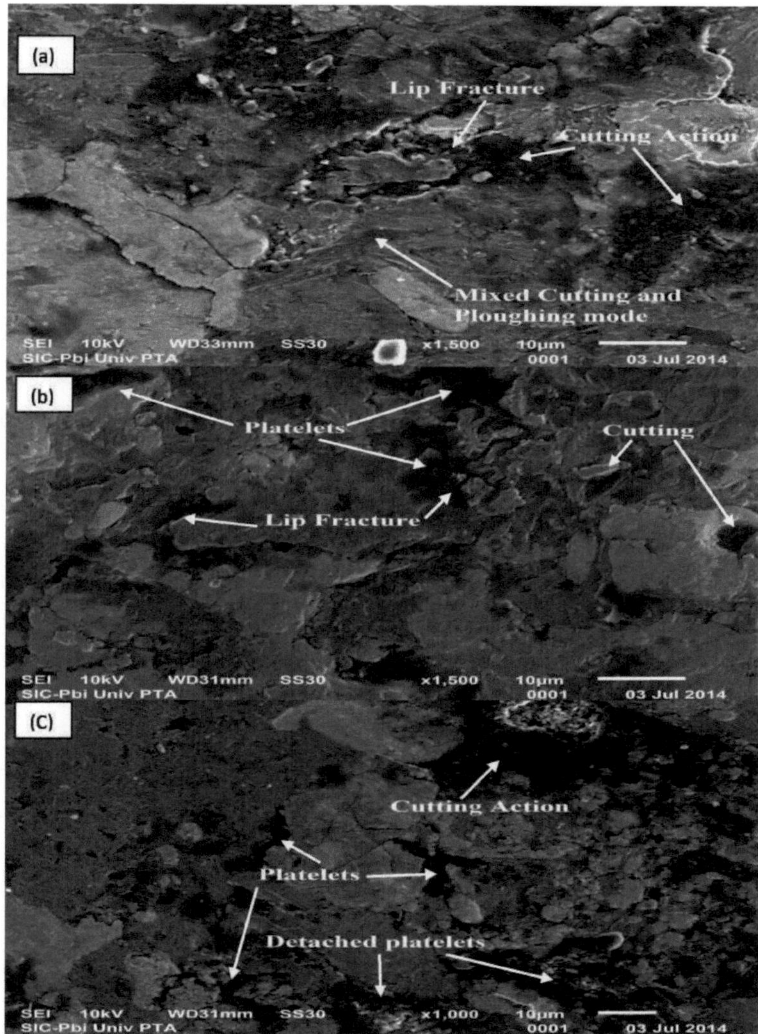

Figura 4.19 Micrografia SEM do revestimento (50%) WC-Co-Cr e (50%) Ni-Cr-B-Si de 250pm de espessura a níveis de tamanho de partícula, concentração, velocidade e ângulo em (a) A1, B1,C1 e D1, (b) A2, B3 , C1 e D2),(c)A2, B3, C3 e D3

A Figura 4.19 mostra a micrografia SEM de um revestimento de 250 mícrones a 30°, 60° e 90°, respetivamente, com um tamanho de partícula de 150, 250 e 350µm, 30000ppm de concentração nos dois últimos e 10000ppm no primeiro. A velocidade é baixa, média e alta, respetivamente, nestes três ensaios. Há dois mecanismos que são considerados responsáveis pela remoção do material. Estes são a deformação plástica repetitiva e o corte. A remoção de material da superfície de materiais dúcteis ocorre por um processo de microcorte direto ou deformação plástica, seguido de corte. Nos materiais frágeis, a transferência de energia resultante de impactos repetidos de partículas resulta num processo de fadiga. Considera-se que os mecanismos de remoção de material são diferentes em ângulos de impacto baixos e altos. No caso de impacto de partículas a baixo ângulo, a formação de aparas ou o corte desempenham um papel na remoção de material. A erosão com incidência normal ou próxima desta envolve a formação de crateras de material altamente deformado, que são subsequentemente removidas como plaquetas após o impacto de várias partículas sucessivas. No ambiente atual da turbina, o lodo arrastado na água impacta em vários ângulos de incidência sobre a superfície dos componentes da turbina [15]. No primeiro caso, a 30°, ocorre a fratura do lábio e a ação de corte. Em alta concentração de lama, as plaquetas ocorrem a 60°. O desgaste é maior na velocidade máxima, na concentração e no ângulo de 90°.

4.3.3 Análise SEM do revestimento (50%) WC-Co-Cr e (50%) Ni-Cr-B-Si de 400μm de espessura

A Figura 4.20 mostra a micrografia SEM do revestimento de (50%) WC-Co-Cr e (50%) Ni-Cr-B-Si de 400μm em várias condições, tal como utilizado no revestimento de 250μm. Como procedimento seguido para o revestimento de 250μm, os micrográficos SEM foram tirados no local, no qual a pasta contendo as partículas de impacto estava a atingir um ângulo de 30 °, 60 ° e 90 ° em relação às superfícies da amostra. Os locais foram escolhidos porque se verificou que eram os mais afectados pela erosão, como se pôde observar pelo exame físico das amostras. No entanto, é difícil comentar o ângulo de impacto das partículas individuais, que se crê ser aleatório devido à morfologia angular das partículas e às condições de fluxo. A 30°, as marcas de desgaste e as plaquetas são maiores do que a 60°. Enquanto que as crateras e plaquetas se formam no ângulo de 90° a níveis máximos de velocidade e concentração e mostram mais desgaste.

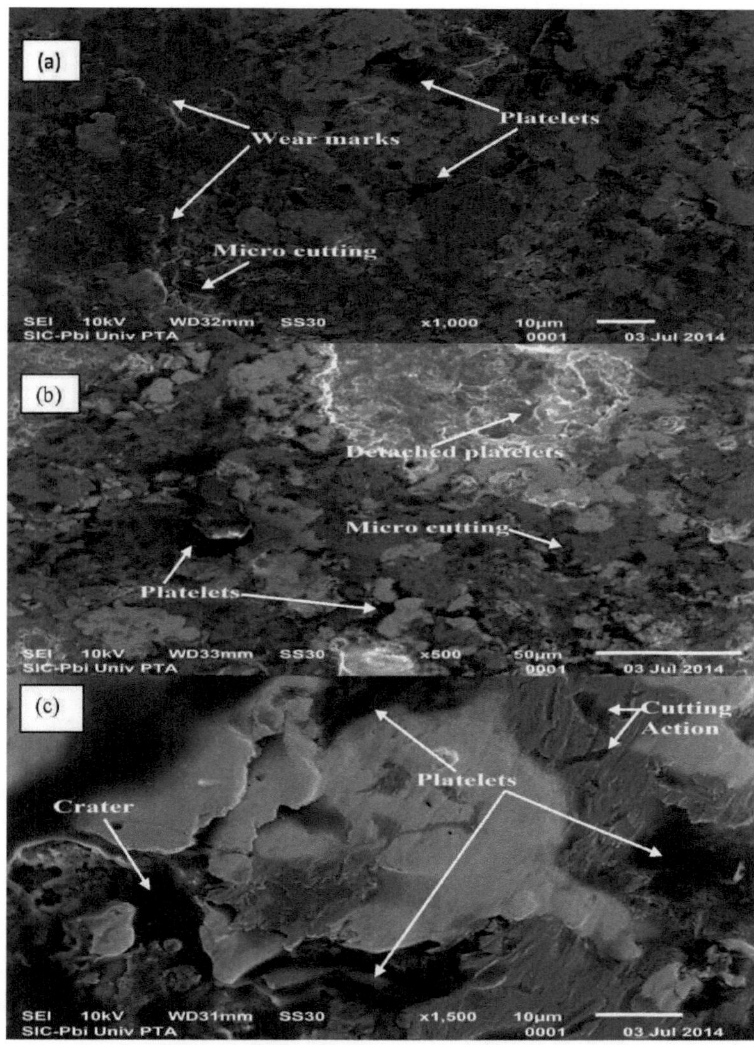

Figura 4.20 Micrografia SEM do revestimento (50%) WC-Co-Cr e (50%) Ni-Cr-B-Si de 400µm de espessura a níveis de tamanho de partícula, concentração, velocidade e ângulo em (a) A1, B1,C1 e D1, (b) A2, B3 , C1 e D2),(c)A2, B3, C3 e D3

4.3.4 Análise SEM do CA6NM não revestido em várias condições

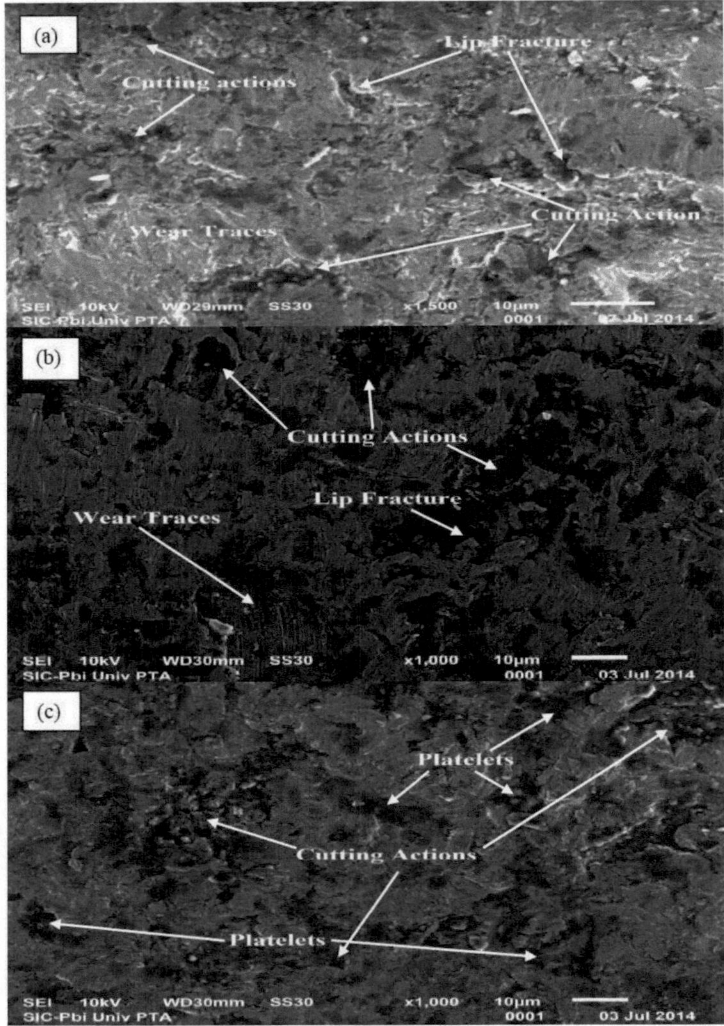

Figura 4.21 Micrografia SEM de CA6NM não revestido em diferentes níveis de tamanho de partícula, concentração, velocidade e ângulo em (a) A1, B1,C1 e D1, (b) A2, B3 ,C1 e D2) e (c)A2, B3, C3 e D3

A figura 4.21 mostra a micrografia SEM do aço CA6NM não revestido erodido em diferentes condições de ângulo de impacto, concentração, tamanho de partícula e velocidade. A diferença no mecanismo de erosão com a alteração do ângulo de impacto é mostrada na Fig. 4.21 (a), (b) e (c), respetivamente. A superfície afetada com um ângulo de impacto normal mostra a presença de plaquetas e uma superfície alvo deformada plasticamente. A energia de impacto das partículas faria com que o material se deformasse plasticamente. A razão para as taxas de erosão mais baixas para ângulos de impacto normais em comparação com ângulos de impacto agudos pode ser facilmente explicada em termos de mecanismo de erosão. O mecanismo de plaquetas, tal como explicado anteriormente, é um processo lento que envolve fenómenos combinados de deformação plástica e fadiga. Em contraste com este, o microcorte é um mecanismo mais eficiente para a remoção de material. Isto explica a razão pela qual as taxas de erosão foram mais elevadas em ângulos de impacto baixos do que em ângulos de impacto normais. Nestes casos, nos dois primeiros casos a velocidade é baixa e no terceiro é máxima. Neste caso, observou-se que o mecanismo de erosão proeminente para ambas as velocidades de ensaio é a formação e remoção de material sob a forma de plaquetas, vestígios de desgaste e acções de corte, como mostra a micrografia de alta ampliação na Fig. 4.21. No entanto, o nível de severidade foi obviamente aumentado com a velocidade. No caso de baixa velocidade, pode observar-se um grande número de plaquetas ligadas à superfície erodida. No entanto, quando a velocidade foi aumentada, o número de plaquetas fixadas foi significativamente reduzido [9]. Pode observar-se que o aumento do tamanho médio das partículas de impacto de 150 mm para 350 mm resultou na formação de crateras mais profundas na superfície do aço. Também o aumento da concentração da lama de 10.000ppm para 30.000ppm pode ter levado à formação de um maior número de plaquetas e crateras. Neste caso, o mecanismo de remoção de material parece ser a deformação plástica repetitiva seguida de corte [15].

CAPÍTULO 5

CONCLUSÕES E ÂMBITO DO TRABALHO FUTURO

5.1 CONCLUSÕES

O material de turbina mais comummente utilizado, o aço CA6NM, é selecionado como material de base com o objetivo de encontrar o melhor material de substrato com elevada resistência à erosão. O método de revestimento por projeção térmica PLASMA é utilizado para o revestimento do material de base. Os ensaios de erosão da lama foram realizados num equipamento de ensaio do tipo jato de alta velocidade, utilizando areia de diferentes tamanhos de partículas. A taxa de erosão foi avaliada variando os parâmetros do ângulo de impacto, ou seja, 30^0 ,60^0 e 90^0 , diferentes níveis de velocidade (lenta, média, alta) do fluxo de lama de areia, diferentes tamanhos de partículas e níveis de concentração. As taxas de desgaste por erosão são avaliadas em termos de perda de peso do material utilizando um aparelho de ensaio de erosão por jato. As conclusões dos resultados da experimentação são apresentadas de seguida:

- As comparações da perda de massa mostram que a taxa de erosão do aço CA6NM é superior à do revestimento A e do revestimento B.

- A pistola PLASMA dá-nos a possibilidade de depositar um revestimento de (50%) WC-Co-Cr-(50%) Ni- Cr-B-Si em aços CA6NM.

- A resistência à erosão de um revestimento de 400 mícrones triturado com lixa 4/0 e papel de esmeril de 800 mesh foi melhor do que a de um revestimento de 250 mícrones.

- Os revestimentos apresentam um melhor desempenho do que o aço não revestido em todas as condições em que o ensaio foi efectuado.

- Ambos os revestimentos apresentam uma maior resistência à erosão em comparação com o material não revestido.

- O revestimento A apresenta um desempenho aproximadamente 40 vezes melhor do que o aço CA6NM não revestido e o revestimento B apresenta um desempenho 57 vezes melhor do que o material não revestido.

- Para o aço não revestido CA6NM, a erosão máxima ocorre a 90° de ângulo de impacto e a mínima a 60°.

- Ambos os revestimentos apresentam uma erosão máxima a 90°.

- O mecanismo de erosão do aço CA6NM sob impacto normal é o mecanismo de plaquetas, mas para o revestimento sob condições semelhantes é devido à formação de fissuras.

- As partículas de areia têm uma forma irregular com arestas vivas que são responsáveis pela erosão. Mas como foram levadas para teste após 3 horas, as partículas estão fragmentadas em partículas de tamanho mais pequeno, como mostram os resultados da análise por peneira.

- Para os aços CA6NM, a erosão máxima ocorre a 90^0 com uma velocidade de 60m/s e é seguida pela erosão a 30^0 com a mesma velocidade.

- À medida que aumentamos a velocidade da lama, a taxa de erosão aumenta, o que pode ser devido ao facto de haver um aumento da energia cinética das partículas. Mas esta erosão aumentará até à velocidade de 60m/s e quando aumentarmos a nossa velocidade para além desta, a taxa de erosão não variará como no intervalo de velocidade anterior.

- Com o aumento da concentração das partículas, a perda de massa aumentou para o aço CA6NM não revestido.

- No caso do revestimento, o efeito do aumento da concentração aumentará a taxa de erosão de forma uniforme, pelo que podemos concluir que a concentração afecta a taxa de erosão.

- O tamanho das partículas não tem qualquer influência significativa no desgaste por erosão em materiais revestidos e não revestidos.

- Para o aço CA6NM, podemos dizer que a maior erosão será causada pelo ângulo de impacto, depois pela velocidade e na última concentração.

- Para os revestimentos aplicados sobre os materiais de base, a erosão é principalmente afetada pela velocidade, depois pela concentração e, por último, pelo ângulo de impacto.

- O tamanho das partículas não tem um efeito significativo na erosão dos materiais revestidos e não revestidos.

- Para comparação entre o aço CA6NM revestido e não revestido, foi observada a seguinte ordem de desgaste por erosão.

Aço CA6NM > revestimento de (50%) WC-Co-Cr e (50%) Ni-Cr-B-Si de 250 mícrones de espessura > revestimento de (50%) WC-Co-Cr e (50%) Ni-Cr-B-Si de 400 mícrones de espessura.

5.2 ÂMBITO DOS TRABALHOS FUTUROS

- Os estudos de desgaste por erosão podem ser efectuados com outras técnicas de revestimento.

- Também podemos estudar o efeito da variação das distâncias entre o espécime e o bocal.

- A abordagem computacional pode ser utilizada para simular o trabalho semelhante com diferentes condições de funcionamento.

- O efeito do desgaste por erosão do impulsor da bomba do sistema de eliminação de cinzas pode ser estudado.

- Os estudos semelhantes de desgaste por erosão podem ser alargados utilizando outros tipos de aparelhos de ensaio e diferentes concentrações de lama.
- O mecanismo de desgaste por erosão de componentes de centrais térmicas pode ser estudado com a ajuda deste sistema.
- Pode ser fabricado um equipamento de ensaio constituído por um modelo de turbina semelhante ao original e pode ser estudado o efeito de vários parâmetros, como a concentração, a concentração do ângulo de impacto, etc., na erosão e a perda de eficiência em função desses parâmetros.
- Pode ser desenvolvido um equipamento de teste no qual podemos estudar a erosão por cavitação do sistema no caso dos tubos.
- Pode ser efectuado um estudo sobre a erosão dos tubos e bombas utilizados no sistema de drenagem.

REFERÊNCIAS

[1]http://www.powermin.nic.in.

[2]http://wbpower.nic.in.

[3]http://www.nih.ernet.in.

[4]http://www.science.howstuffworks.com.

[5]R. Chattopadhyay, "High silt wear of hydro turbine runners", 1993, Wear,162-164, 1040-1044.

[6]A. Kumar, P.K. Sapra e S. Bhandari, "A review paper on slurry erosion of plasma and flame thermal sprayed coatings", 2011, National Conference on Advancements and Futuristic Trends Mechanical and Materials Engineering, PTU, Jalandhar, 62, 1-5

[7]S. Khurana, K. Kumar ,V. kumar e A. Kumar, "Silt erosion in hydro turbines- A review", 2012, International Journal of Mechanical and Production Engineering, 2315-4489(I), 34-38.

[8]R.P. Singh, "Silt damage control measures for underwater parts-Nathpa jhakhri hydro power station -Case study of a success story" , 2009, Water and Energy International, 66 , 36-42.

[9]H.S. Grewal, A. Agrawal e H. Singh, "Slurry Erosion Mechanism of Hydroturbine Steel: Effect of Operating Par^eters", 2013, Tribol lett, 52, 287-303.

[10] http://www.nhpcindia.com.

[11] J.F. Santa, J.C. Baena e A. Toro, "Slurry erosion of thermal spray coatings and stainless steels for hydraulic machinery", 2007, Wear, 263, 258-264.

[12] http://www.tungsten-power.com.

[13] http://www.gordonengland.co.uk.

[14] http://www.mecpl.com.

[15] D.K. Goyal, H. Singh, H. Kumar e V. Sahni, "Slurry erosion behavior of HVOF sprayed WC-10Co4Cr and Al O_{23} and 13TiO_2 coatings on a turbine steel", 2012, Wear, 289, 4^-57.

[16] K.T. Kembaiyan e K. Keshavan, "Combating severe fluid erosion and corrosion of drill bits using thermal spray coatings" , 1995, Wear, 186-187,487-492.

[17] R. Yilmaz, A.O. Kurt, A. Demir e Z. Tatlh /'Effects of TiO2 on the mechanical properties of theAl O -TiO_{232} plasma sprayed coating", 2007, Journal of the European Ceramic Society, 27, 1319-1323.

[18] D.W. Wheeler e R.J.K. Wood (2005), "Erosion of hard surface coatings for use in offshore gate

valves", 2005, Wear,258, 526-536.

[19] J.K. Knapp e H. Nitta," Fine-particle slurry wear resistance of selected toughness and crack morphologies in eroded WC-Co-Cr thermally sprayed coatings", 1997, Tribology International , 30(3), 225-234.

[20] P. Kulu, I. Hussainova e R. Veinthal," Solid particle erosion of thermal sprayed coatings", 2005, Wear, 258,488-496.

[21] B.S. Sidhu e S. Prakash , "Erosion-corrosion of plasma as sprayed and laser remelted Stellite-6 coatings in a coal fired boiler", 2006, Wear, 260, 1035-1044.

[22] B.S. Sidhu e S. Prakash, "Performance of NiCrAlY, Ni-Cr, Stellite-6 and Ni3Al coatings in Na2SO4-60% V2O5 environment at 900°C under cyclic conditions", 2006, Surface & Coatings Technology, 201, 1643-1654.

[23] D. Toma, W. Brandl e G. M,inean," Wear and corrosion behaviour of thermally sprayed cermet coatings", 2001, Surface and Coatings Technology,!38 Z, 149-158.

[24] E.L. Cantera e B.G. Mellor, "fracture toughness and crack morphologies in eroded WC-C^ thermally sprayed coatings", 1998, Materials Letters, 37, 201-210.

[25] F. Otsubo, H. Era, T. Uchida e K. Kishitake," Properties of Cr C_{32} -NiCr Cermet Coating Sprayed by High Power Plasma and High Velocity Oxy-Fuel Processes", 2000, Journal of Thermal Spray Technology, 59, 499-504.

[26] K.J. Stein, B.S. Schorr e A.R. Marder," Erosion of thermal spray MCr-Cr -C cermet coatings", 1999, Wear, 224, 153-159.

[27] M.M. Stack e T.M. Abd El Badia /'Mapping erosion-corrosion of WC/C^Cr based composite coatings: velocity and applied potential effects", 1996, Surface & Coatings Technology, 201, 1335-1347.

[28] S. Luyckx e C.N. Machio, "Characterization of WC-VC-Co thermal spray powders and coatings", 2007, International Journal of Refractory Metals & Hard Materials, 25, 11-15.

[29] S.J. Matthews, B.J. James e M.M. Hyland, "Microstructural influence on erosion behaviour of thermal spray coatings", 2007, Materials Characterization, 58, 59-64.

[30] V. Higuera, F.J. Belzunce, A. Carriles e S. Poveda, "Influence of the thermal-spray procedure on the properties of a nickel-chromium coating", 2002, Journal of Materials Science, 37, 649- 654.

[31] V.A. de Souza e A. Neville, "Corrosion and erosion damage mechanisms during erosion-corrosion of WC-C\^Cr cermet coings", 2003, Wear, 255, 146-156.

[32] J.F. Li, L. Li e C.X. Ding, "Thermal diffusivity of plasma-sprayed Cr_3 Cr-NiCr coatings", 2005, Materials Science and Engineering, 394, 229-237.

[33] V.H. Hidalgo, J.B. Varela, A.C. Menéndez e S.P. Martinez, "High temperature erosion wear of flame and plasma-sprayed nickel-chromium coatings under simulated coal-fired boiler atmospheres", 2001, Wear, 247, 214-222.

[34] V.H. Hidalgo, F.J. Belzunce Varela, A.C. Menendez e S. Poveda Martinez, "A comparative study of high-temperature erosion wear of plasma sprayed NiCrBSiFe and WC-NiCrBSiFe coatings under simulated coal-fired boiler conditions", 2001, Tribology International, 34, 16^-169.

[35] B. S Sidhu e S. Prakash , "Evaluation of the corrosion behaviour of plasma- sprayed Ni3Al coatings on steel in oxidation and molten salt environments at 900°C" , 2003, Surface and Coatings Technology, 166, 89-100.

[36] C.N. Machio, G. Akdogan, M.J. Witcomb e S. Luyckx," Performance of WC-VC- Co thermal spray coatings in abrasion and slurry erosion tests",2005, Wear, 258, 434442.

[37] B. Rajasekaran , S.G.S Raman , S.V. Joshi e G. Sundararajan, "Effect of grinding on plain fatigue and fretting fatigue behaviour of detonation gun sprayed Cu-Ni-In coating on Al-Mg-Si alloy", 2008, International Journal of Fatigue.

[38] A.K. Chauhan, D.B. Goel e S. Prakash, "Erosion behaviour of hydro turbine steels", 2008, Bull. Material Science, 31, 115-120.

[39] S.B. Mishra, S. Prakash e K. Chandra, "Studies on erosion behaviour of plasma sprayed coatings on a Ni-based superalloy", 2006, Wear, 260, 422-432.

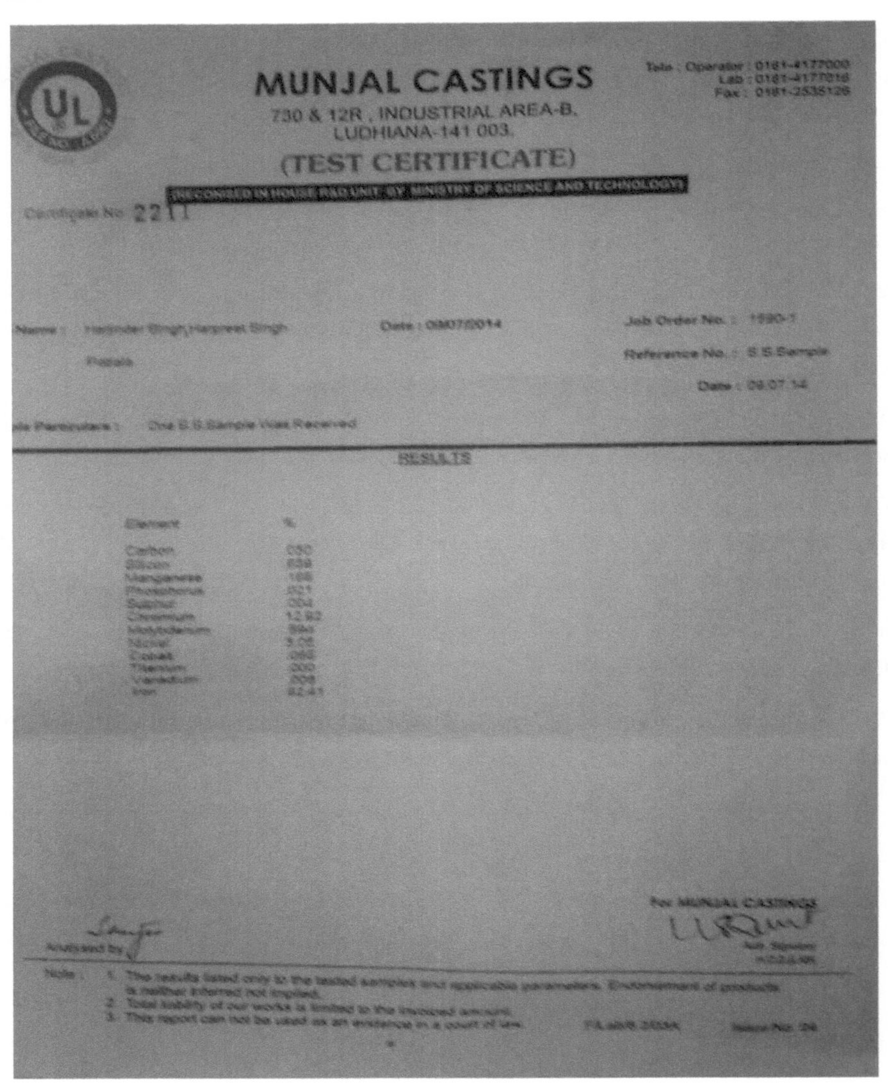

MUNJAL CASTINGS

730 & 12R , INDUSTRIAL AREA-B,
LUDHIANA-141 003.

(TEST CERTIFICATE)

(RECOGNISED IN HOUSE R&D UNIT BY MINISTRY OF SCIENCE AND TECHNOLOGY)

Certificate No. 2211

Name : Harjinder Singh, Harpreet Singh
Patiala

Date : 09/07/2014

Job Order No. : 1590-1
Reference No. : S.S.Sample
Date : 09.07.14

Sample Particulars : One S.S.Sample Was Received

RESULTS

Element	%
Carbon	.050
Silicon	[illegible]
Manganese	[illegible]
Phosphorus	[illegible]
Sulphur	[illegible]
Chromium	[illegible]
Molybdenum	[illegible]
Nickel	[illegible]
Cobalt	[illegible]
Titanium	[illegible]
Vanadium	[illegible]
Iron	82.41

Analysed by

For MUNJAL CASTINGS

Figura (a) Certificado de composição química do aço CA6NM

APÊNDICE II

Tabela a) Perda de massa total para o revestimento A em mg/cm^2 em função do tempo para várias execuções

	0 min	30 min	60 min	90 min	120 min	150 min	180 min
Corrida 1	0	0.6666	1.8	1.7333	2.4	3.2666	4.3333
Corrida 2	0	1	1.5333	2.6666	3.6666	4.6666	6.3333
Corrida 3	0	2	3.6666	6.3333	9.3333	12.5333	16
Corrida 4	0	0.3333	1.4666	2.3333	3.9333	6	7
Execução 5	0	0.7333	1.9333	3.9333	5.9333	8.6666	10
Corrida 6	0	0.6	1.4666	3	4.6	6.2	7.8666
Corrida 7	0	0.4666	1.4666	2.6	4.0666	5.5333	7.2
Executar 8	0	0.4666	1.3333	2.3333	3.6	4.4	5.8666
Corrida 9	0	1.4666	2.8666	5.8666	9.0666	11.8	13.4666

Tabela b) Perda de massa total para o revestimento B em mg/cm^2 em função do tempo para várias execuções

	0 min	30 min	60 min	90 min	120 min	150 min	180 min
Corrida 1	0	0.4666	1	1.6666	2.3333	2.6666	3.6666
Corrida 2	0	0.9333	1.3333	2.5333	3	4.2	5.6
Corrida 3	0	1.3333	3	5.5333	7.6	10.3333	12.6666
Corrida 4	0	0.4666	1.2	1.9333	3.6	5.4	6.3333
Execução 5	0	0.4666	1.5333	3.2	5.2666	7.3333	8.6
Corrida 6	0	0.5333	0.9333	2.6666	4.0666	5.8666	7.4666
Corrida 7	0	0.4	1.0666	2.0666	3.6666	4.9333	6.2666
Executar 8	0	0.4	1.1333	1.6666	2.8	3.8	5.2666
Corrida 9	0	1	2.4	5.3333	8.0666	10.2	11.6666

Tabela (c) Perda de massa total para CA6NM não revestido em mg/cm^2 w. r. t. time for various runs

	0 min	30 min	60 min	90 min	120 min	150 min	180 min
Corrida 1	0	0.6666	1.3333	2	2.6666	4	6
Corrida 2	0	1.3333	2	3.3333	5.3333	7.3333	9.3333
Corrida 3	0	2	5.3333	10.6666	14	21.3333	25.3333
Corrida 4	0	0.6666	2	3.3333	4.6666	6.6666	8
Execução 5	0	1.3333	2.6666	4.6666	7.3333	10	12.6666
Corrida 6	0	1.3333	2.6666	4	6	8.6666	10.6666
Corrida 7	0	0.6666	2	3.3333	5.3333	7.3333	9.3333
Executar 8	0	1.3333	2.6666	4	6	7.3333	8.6666

Corrida 9	0	2	4	6.6666	10.6666	14.6666	19.3333

Tabela (d) Perda de massa acumulada para todos os materiais em mg/cm^2 em função do tempo para vários ensaios

	Corrida 1	Corrida 2	Corrida 3	Corrida 4	Execução 5	Corrida 6	Corrida 7	Executar 8	Corrida 9
Revestimento A	4.3333	6.3333	16	7	10	7.8666	7.2	5.8666	13.4666
Revestimento B	3.6666	5.6	12.6666	6.3333	8.6	7.4666	6.2666	5.2666	11.6666
Sem revestimento	6	9.3333	25.3333	8	12.6666	10.6666	9.3333	8.6666	19.3333

Tabela (e) Perda de massa acumulada em mg/cm^2 em função do tempo para diferentes níveis de concentração

	10000ppm	20000ppm	30000ppm
Revestimento A	6.1777	7.3999	12.4444
Revestimento B	5.4221	6.4888	10.5999
Sem revestimento	7.7777	10.2221	18.4444

Tabela (f) Perda de massa acumulada em mg/cm^2 em função do tempo para diferentes níveis de velocidade

	Baixa velocidade	Med. Velocidade	Alta velocidade
Revestimento A	6.0221	8.9333	11.0666
Revestimento B	5.4666	7.8666	9.1777
Sem revestimento	8.4444	12.2222	15.7777

Tabela (g) Perda de massa acumulada em mg/cm^2 em função do tempo para diferentes ângulos

	30°	60°	90°
Revestimento A	9.2666	7.1333	9.6222
Revestimento B	7.9777	6.4444	8.0888
Sem revestimento	12.6666	9.7777	14

Tabela (h) Perda de massa acumulada em mg/cm2 em função do tempo para diferentes tamanhos de partículas

	200 µm	400 µm	600 µm
Revestimento A	8.8888	8.2888	8.8444
Revestimento B	7.311	7.4666	7.7332
Sem revestimento	13.5555	10.4444	12.4444

Printed by Books on Demand GmbH, Norderstedt / Germany